Das Welpenhandbuch

(Foto: Widmann)

Das Welpenhandbuch

Auswahl – Ernährung – Erziehung

Dr. Gabriele Lehari

CADMOS

Impressum

Gestaltung und Satz: Ravenstein und Partner, Verden
Lektorat: Johanna Esser

Coverfoto: animals-digital/Th. Brodmann
Fotos im Innenteil: Esser, Lehari, Pinnekamp, Steimer, Widmann

Druck: Westermann Druck, Zwickau

Deutsche Nationalbibliothek – CIP-Einheitsaufnahme
Die Deutsche Nationalbibliothek verzeichnet diese Publikation in der Deutschen Nationalbibliografie; detaillierte bibliografische Daten sind im Internet über http://dnb.ddb.de abrufbar.

Printed in Germany.

ISBN: 978-3-8404-2010-8

Inhalt

Inhalt

(Foto: Widmann)

Vorwort

Für viele Hundeliebhaber mag es vielleicht kaum etwas Schöneres geben, als seinen kleinen Schützling so früh wie möglich kennenzulernen und im Welpenalter zu sich nach Hause zu holen. Ich selbst durfte bisher alle meine Hunde schon in ihren ersten Lebenstagen besuchen. Sie konnten zwar noch nicht sehen und hören, aber das Näschen eines Welpen funktioniert gleich nach der Geburt und kann schon vereinzelte Duftstoffe aufnehmen und identifizieren. Somit gehörte mein Körpergeruch zu den ersten Dufteindrücken, die meine Hunde wahrnehmen und abspeichern konnten. Dementsprechend war auch bei jedem weiteren Besuch der Geruch schon vertraut, was den Kleinen sicherlich die spätere Trennung von Mutter und Geschwistern erleichterte. Zumindest hatten meine Welpen überhaupt keine Eingewöhnungsschwierigkeiten – andere würden es als Heimweh bezeichnen – und fühlten sich vom ersten Tag an in ihrem neuen Zuhause wohl. Aber auch wenn Sie Ihren kleinen Welpen zum ersten Mal mit acht Wochen zu Gesicht bekommen, ist es immer noch früh genug, um diese enge Bindung aufzubauen. Denn solange sich die Welpen in der Präge- beziehungsweise Sozialisierungsphase befinden, können wir Menschen durch unser Verhalten und den Umgang mit dem Welpen ihr Wesen und ihre Entwicklung mitprägen.

Es ist ein unvergessliches Erlebnis, die Entwicklung dieser kleinen, zu Beginn noch so hilflosen Geschöpfe mitzuerleben. Wenn sich nach knapp zwei Wochen die Äuglein öffnen, blinzeln die Welpen noch ziemlich orientierungslos in die auf einmal so hell gewordene Welt. Zur selben Zeit beginnen auch die empfindlichen Ohren ihre Funktion aufzunehmen. Und mit der zunehmenden Tätigkeit der Sinnesorgane werden auch die Welpen immer munterer und unternehmungslustiger. Schließlich kann man es kaum erwarten, bis man seinen kleinen Vierbeiner im Alter von acht Wochen nach der ersten Impfung mit nach Hause nehmen darf.

Dann beginnt eine wunderschöne, aber auch äußerst anstrengende Zeit. In den ersten Wochen erfordert der kleine Welpe unsere ganze Aufmerksamkeit. Er muss ständig beaufsichtigt werden, damit er schnell stubenrein wird und nichts anstellt, was ihm selbst oder unserem Mobiliar schaden könnte. Mehr als eine Entschädigung dafür ist aber die kompromisslose Zuneigung, die der Kleine uns entgegenbringt. Wer schon einmal einen Welpen gehabt hat, der nach ausgiebigem Toben und Fressen satt und zufrieden auf seinem Arm eingeschlafen ist, weiß, was ich damit meine.

Ob eine harmonische Beziehung zu einem Hund entsteht, die auch Bestand hat, kann der Mensch maßgeblich beeinflussen. Zum einen muss er Bescheid wissen über die Grundbedürfnisse des Welpen und wie er durch die richtige Ernährung und Gesundheitsvorsorge den Grundstein für ein langes, glückliches und gesundes Hundeleben legen kann. Andererseits sollte der Mensch auch die Sprache des neuen Familienmitglieds verstehen und wissen, wie er sich dem Welpen verständlich machen kann, denn Kommunikation ist Voraussetzung für eine harmonische Beziehung und für die erforderliche Grunderziehung des kleinen Vierbeiners. Niemals wieder lernt ein Hund so schnell und nachhaltig wie in den ersten Lebensmonaten, daher sollte diese Zeit unbedingt sinnvoll genutzt werden. Sie beeinflusst in hohem Maße seine weitere Entwicklung und entscheidet darüber, ob er sich zu einem treuen und zuverlässigen Begleiter entwickelt.

In diesem Buch finden Sie alle wichtigen Informationen rund um Auswahl, Kauf, Ernährung, Gesundheitsvorsorge, Pflege, Sozialisierung, Erziehung und Umgang mit dem Welpen, damit Sie die Zeit mit Ihrem kleinen Schützling – die immer viel zu kurz ist, weil er so schnell heranwächst – genießen und möglichst optimal nutzen können. Denn was Sie in dieser Zeit Ihrem Hund an Liebe und Zuwendung zukommen lassen, zahlt sich ein Leben lang aus.

Ihre Dr. Gabriele Lehari

Die Autorin mit ihren Hunden Jerome und Princesse. (Foto: Lehari)

Bevor man sich für eine Rasse entscheidet, muss man sich genau über ihre Eigenschaften informieren. Hier eine Deutsche Dogge. (Foto: Lehari)

Die Qual der (Rasse-)Wahl

Die Entscheidung ist gefallen: Sie möchten sich einen Hund anschaffen und es soll ein Welpe sein. Alle Familienmitglieder sind damit einverstanden; die Verteilung der Aufgaben, die mit der Pflege des Hundes zu tun haben, ist geklärt; die Kosten, die für Ausstattung, Futter, Tierarzt, Versicherung und Steuer anfallen, stellen kein Problem dar, und es gibt auch einen verantwortungsvollen, lieben Menschen, der im Urlaubs- oder Krankheitsfall den Hund betreut.

Sicherlich haben Sie sich auch schon ausgiebig Gedanken darüber gemacht, ob es ein Rassehund oder ein Mischling sein soll. Wenn Sie einen Rassehund haben möchten, sollten Sie sich unbedingt vorher gründlich über die infrage kommende Rasse informieren und dann entscheiden, ob sie zu Ihnen passt und Ihren Wünschen entspricht. Am besten verschaffen Sie sich zunächst anhand eines Rassebuchs einen Überblick über die große Vielfalt der Hunderassen. Beim Durchlesen werden Sie bald merken, dass die Zahl der in der engeren Wahl bleibenden Rassen immer kleiner wird. Schließlich ist nur noch eine Handvoll

Die Englische Bulldogge ist auch für weniger sportliche Menschen geeignet. (Foto: Lehari)

Rassen übrig, zu denen Sie dann ausführlichere Informationen einholen können. Wer einen Internetzugang hat, wird bei Eingabe der Rassenamen in eine Suchmaschine schnell fündig.

Viele Züchter und Rassehundvereine haben sehr informative Internetseiten über ihre Rasse. Auch über den VDH (Verband für das Deutsche Hundewesen e. V.) können Sie Adressen von Züchtern Ihrer Lieblingsrasse anfordern. Rasseklubs, die eine einzelne Rasse oder eine ganze Gruppe von ähnlichen Rassen betreuen, senden Ihnen gern Broschüren über die verschiedenen Hunderassen zu. Ideal ist es, wenn Sie die Hunde auch schon in verschiedenen Situationen selbst erleben und beobachten können. Fragen Sie Züchter oder Besitzer, ob Sie sie einmal besuchen dürfen, um die Rasse besser kennenzulernen.

Kriterien für die Auswahl der Rasse

Größe
Die Größe des Hundes sollte an die Wohnverhältnisse angepasst sein. Je kleiner die Wohnung und je höher das Stockwerk, umso kleiner sollte auch der Hund sein, damit er nicht in der Wohnung überall aneckt und auch mal die Treppe hochgetragen werden kann. Ein Haus mit Garten ist natürlich ideal für die Hundehaltung.

Fellbeschaffenheit
Es gibt Hunderassen, die nicht (zum Beispiel Pudel) oder kaum (zum Beispiel Terrier) haaren, dafür aber regelmäßig getrimmt werden müssen. Kurzhaarige Hunde tragen wesentlich weniger Schmutz ins Haus und benötigen auch viel weniger Fellpflege als Langhaarrassen.

Charakter und Temperament
Soll der Hund Haus und Hof bewachen oder ein problemloser Begleiter in allen Lebenslagen sein? Soll er sehr sportlich sein und Sie beim Joggen, Radfahren oder Reiten begleiten, oder wollen Sie sogar Hundesport mit ihm ausüben? Oder sind Sie eher der bequemere Typ, der nur gern mit seinem Hund geruhsam durch den Park oder die Natur spazieren möchte? Für jeden gibt es die richtige Rasse.

Bellfreudigkeit
Die Bellfreudigkeit kann bei Hunden sehr unterschiedlich sein und ist meistens rassebedingt. Kleine Terrier, Dackel, Pinscher oder Spitze bellen beispielsweise relativ oft und gern; typische Wachhunde schlagen an, um Fremde zu melden; Hütehunde bellen oft, wenn sie aufgeregt sind oder spielen wollen. Molosser, Herdenschutzhunde, Windhunde und viele Jagdhunde bellen dagegen weniger und sind auch im Haus sehr ruhig.

Ob Mischling oder Rassehund, beide können sich zu guten und zuverlässigen Begleitern entwickeln. (Foto: Steimer)

Seien Sie aber bei allen Beschreibungen, besonders wenn es um Charaktereigenschaften der Hunde geht, kritisch und fragen Sie im Zweifelsfall nach, denn es gibt keine Hunderasse, die per se kinderlieb, ein idealer Familienhund oder besonders intelligent ist. Wie sich ein Hund gegenüber Menschen, speziell Kindern, oder anderen Tieren verhält, hängt in erster Linie davon ab, wie er sozialisiert wurde und welche

Erfahrungen er gemacht hat. Sicherlich haben manche Rassen eine höhere Reizschwelle als andere, die aufgrund ihres Erbes eher zum Zwicken und Schnappen neigen. Einige lassen sich sehr gut ausbilden, andere dagegen wurden früher zum selbstständigen Arbeiten gezüchtet und besitzen daher Wesensmerkmale, die oft als Sturheit oder Dickköpfigkeit interpretiert werden, weil sie sich einfach schlechter oder gar nicht abrichten lassen. Auf keinen Fall darf nur nach dem äußeren Erscheinungsbild die Entscheidung für eine bestimmte Rasse fallen. Wesen und ursprüngliche Verwendung sind viel wichtigere Kriterien und entscheiden darüber, ob der Hund in die persönliche Lebenssituation passt.

Sobald Sie sich endgültig für die Rasse entschieden haben, können Sie auf die Suche nach einem geeigneten Züchter gehen. Die entsprechenden Adressenlisten haben Sie ja schon aus dem Internet oder vom VDH. Haben Sie sich für eine ziemlich seltene Rasse entschieden, kann es sein, dass Sie einen weiten Weg zu einem infrage kommenden Züchter zurücklegen müssen. Auch kann es vorkommen, dass der nächste Wurf erst in ein paar Monaten oder noch später geplant ist und Sie entsprechend lange warten müssen. Bei häufiger gezüchteten Rassen haben Sie eher die Möglichkeit, innerhalb relativ kurzer Zeit einen Welpen zu bekommen. Aber auch wenn die Wartezeit beim Züchter für Ihren Wunschhund recht lange sein sollte, lassen Sie dennoch bitte die Finger von unseriösen Hundevermehrern, die ihre Hündinnen nur als Zuchtmaschinen ansehen und oft wahllos Tiere miteinander verpaaren, ohne auf Inzucht oder vererbbare Krankheiten zu achten. Auch aus Osteuropa angebotene Tiere entstammen meistens solchen Massenzuchten. Diese Welpen sind häufig schwer krank und die Tierarztkosten, die Sie investieren müssen, übersteigen schnell den Betrag, den Sie beim Kaufpreis eingespart haben.

Wenn Sie keinen Wert auf einen reinrassigen Hund legen und auch gern einen Mischling nehmen würden, sieht die Suche nach dem passenden Hund etwas anders aus. In Tageszeitungen, Wochenblättern oder in Form eines Aushangs beim Tierarzt oder im Supermarkt werden immer wieder Mischlingswelpen angeboten, die meistens durch eine ungeplante, zufällige Verpaarung entstanden sind. Auch in Tierheimen oder bei Organisationen, die misshandelte Tiere retten oder aus dem Ausland nach Deutschland bringen, werden häufig Welpen geboren, die dringend ein gutes Zuhause suchen. Auch hier hilft das Internet bei der Suche weiter.

Ein Mischlingswelpe ist eine richtige Wundertüte. Alle Welpen sind süß und knuddelig. Aber wie sie später aussehen und sich entwickeln werden, ist schwer vorherzusehen. Meistens kann man sich zumindest die Mutter anschauen und danach abschätzen, wie groß die Hunde später etwa werden und wie sich ihr Charakter entwickeln könnte – solange sie nach der Mutter kommen. Ideal ist es, wenn auch der Vater bekannt ist und man so wenigstens eine Ahnung von der Rassezugehörigkeit der Vorfahren hat.

Auch wenn die Entwicklung von Mischlingen weniger gut vorhersehbar ist, sind sie dennoch in der Regel ebenso gute und liebenswerte Hunde wie ihre reinrassigen Artgenossen. Bezüglich Pflege, Ernährung und Erziehung gibt es keine Unterschiede. Häufig wird behauptet, Mischlinge seien gesünder als Rassehunde. Belege gibt es dafür aber nicht. Wenn sich zwei Hunde mit erblich bedingten Krankheiten paaren, egal ob Rassehunde oder Mischlinge, ist die Gefahr größer, dass auch die Nachkommen krank werden, als wenn zwei völlig gesunde Hunde sich miteinander fortpflanzen. Grundsätzlich lässt sich sagen, dass große, schwere Hunde eher an HD (Hüftgelenksdysplasie)

Durch einen Besuch beim Züchter können Sie sich vom Gesundheitszustand der Hunde und den Haltungsbedingungen überzeugen. (Foto: Widmann)

Kupierverbot

Bitte beachten Sie, dass in Deutschland sowie in Österreich und der Schweiz ein Kupierverbot für Hunde existiert, sowohl bezüglich der Ohren als auch der Rute. Ausnahmen sind nur in begründeten Fällen gestattet, wenn zum Beispiel bei bestimmten Jagdhunden das Kupieren der Rute für den jagdlichen Einsatz unerlässlich ist oder wenn eine medizinische Indikation vorliegt. Hierbei muss aber dennoch der Einzelfall geprüft werden. Die Ausnahmeregelung darf nicht grundsätzlich auf die ganze Rasse angewandt werden. Sollten Sie sich also für eine Rasse interessieren, die früher kupiert wurde, vergewissern Sie sich, dass sich der Züchter an die gesetzlichen Bestimmungen hält. Denn das Kupieren der Rute, was früher bei den wenige Tage alten Welpen häufig ohne Betäubung erfolgte, fügt den Kleinen durchaus erhebliche Schmerzen zu, wie sinnesphysiologische Untersuchungen bewiesen haben.

Auch sollten Sie unbedingt davon Abstand nehmen, kupierte Hunde aus dem Ausland einzuführen. In manchen Ländern werden sogar noch bei einigen Rassen die Ohren kupiert, was dem Welpen über Wochen enorme Schmerzen bereiten kann und ihn in seiner natürlichen Bewegungsfreiheit, besonders beim Toben mit Artgenossen, erheblich einschränkt.

Ob Mischling oder Rassehund, beide können sich zu guten und zuverlässigen Begleitern entwickeln. (Foto: Widmann)

erkranken als kleine bis mittelgroße. Allerdings können bei kleinen Rassen wieder andere, auch zum Teil erblich bedingte Krankheiten auftreten, wie zum Beispiel die Patellaluxation. Wie man entsprechenden Krankheiten am besten vorbeugt, wird im Kapitel „Gesundheit und körperliche Entwicklung" beschrieben.

Wenn Sie nun einen entsprechenden Züchter gefunden haben, vereinbaren Sie einen Besuchstermin bei ihm. Ein seriöser Züchter wird Ihnen das ohnehin von sich aus vorschlagen, da er sich auch die Käufer seiner Welpen anschauen möchte und meistens am besten abschätzen kann, welcher Welpe zu Ihnen passt. Im Gegenzug können Sie sich bei einem Besuch davon überzeugen, wie die Zuchtstätte aussieht, ob die Hunde gepflegt und gesund, ob sie gut sozialisiert und in die Familie integriert sind. Sollten Sie die Hunde nur in irgendwelchen dreckigen Zwingern oder Verschlägen weggesperrt finden, wird die Mutter der Welpen gar nicht vorgeführt oder sind die Hunde misstrauisch oder haben gar Angst vor ihrem eigenen Besitzer, lassen Sie die Finger von diesem Züchter und suchen Sie sich einen anderen.

Bei der Auswahl eines Mischlingshundes läuft es meistens anders ab. Häufig stammen die Hunde aus der Nachbarschaft oder dem Bekanntenkreis und wachsen in der Regel liebevoll gepflegt in der Familie auf. Kommt der Hund von einem Bauernhof, geht es dort meist etwas rustikaler zu. Oft werden solche Hunde zwar gut versorgt und liebevoll aufgezogen, haben aber noch nie ein Wohnhaus von innen gesehen. Wenn sie aber regelmäßig Kontakt mit Menschen haben und dabei keine negativen Erfahrungen machten, werden sie genauso gute Hunde wie solche, die im Haus aufgezogen wurden. Aus eigener Erfahrung kann ich sagen, dass sich solche Welpen sehr schnell an ein zivilisiertes Leben gewöhnen und manchmal sogar schneller stubenrein werden, weil sie ihr Geschäftchen ja nie in der Wohnung verrichtet haben. Und oft sind sie schon an viele Umweltreize wie andere Tiere, Traktoren, laute Maschinen und vieles mehr gewöhnt, was sich positiv auf die Wesensfestigkeit auswirkt.

Überblick über die Rassegruppen

Die Vielfalt der Hunderassen ist immens. Schätzungsweise gibt es weltweit um die 500 Hunderassen. Anerkannt sind von der FCI (Fédération Cynologique Internationale), dem europäischen Dachverband aller Rassehundvereine, zurzeit 347 Hunderassen, wovon einige aber schon ausgestorben sind. Zu diesen anerkannten Rassen zählen allerdings auch ganz exotische Hunde, die es nur in sehr geringer Zahl oder ausschließlich in ihrem Ursprungsland gibt und die man hierzulande nicht zu Gesicht bekommt.

Aufgrund Abstammung und ursprünglicher Verwendung sind alle Hunderassen in zehn Gruppen unterteilt:

Gruppe 1: Schäferhunde und Treibhunde
Gruppe 2: Pinscher und Schnauzer, Molossoide, Schweizer Sennenhunde und andere
Gruppe 3: Terrier
Gruppe 4: Dachshunde
Gruppe 5: Urtyphunde, Nordische Hunde und Spitze
Gruppe 6: Laufhunde, Schweißhunde und verwandte Rassen
Gruppe 7: Vorstehhunde
Gruppe 8: Apportierhunde, Stöberhunde und Wasserhunde
Gruppe 9: Gesellschaftshunde
Gruppe 10: Windhunde

Übrigens lässt sich die Fellbeschaffenheit nicht bestimmten Rassegruppen zuordnen. Sie hängt vielmehr davon ab, wo die ursprüngliche Heimat der Hunde liegt und ob das Fell ihnen Schutz vor Witterungseinflüssen oder Verletzungen bieten musste. So haben nordische Hunde einen dichten Pelz, der sogar Eis und Schnee abhält, wogegen Hunde aus Wüstengegenden oder anderen warmen Zonen immer ein sehr kurzes glattes Fell besitzen und natürlich auch kälteempfindlicher sind. Extremfälle finden sich bei den ungarischen Hütehunden, deren Fell zum Teil zu Platten oder Schnüren verfilzt, und bei den Nackthunden, die bis auf einen kleinen Schopf völlig haarlos sind. Da die Körper- und Fellpflege bei den Rassen abhängig von der Fellbeschaffenheit unterschiedlich aufwendig ist und auch das Schmutzaufkommen im Haus davon abhängt, sollte dieser Faktor bei der Auswahl des Hundes mit berücksichtigt werden.

Nachfolgend sind die wichtigsten Eigenschaften der verschiedenen Rassegruppen aufgeführt, damit Sie sich als zukünftiger Hundebesitzer einen Überblick verschaffen können und einen Eindruck davon erhalten, welcher Rassetyp wohl am besten zu Ihnen passt. Dennoch sollten Sie – wie bereits erwähnt – auf alle Fälle genauere Informationen zu den infrage kommenden Rassen einholen, bevor Sie sich entscheiden.

Gruppe 1: Schäferhunde und Treibhunde

- **Ursprüngliche Verwendung:** Bewachen, Hüten und Treiben von Viehherden

Hütetrieb stark ausgeprägt, Schutztrieb mittelmäßig bis stark ausgeprägt, Jagdtrieb wenig bis mittelmäßig ausgeprägt. Sehr arbeitseifrig, müssen unbedingt rassegemäß sowohl geistig als auch körperlich beschäftigt werden, damit kein Problemverhalten auftritt. Nichts für bequeme Menschen. Lassen sich in der Regel gut erziehen und ausbilden, sehr führerbezogen, Fremden gegenüber freundlich bis reserviert. Eine Ausnahme bilden hier die beiden Wolfhundrassen (Tschechoslowakischer Wolfhund und Saarlooswolfhund), die einen starken Jagdtrieb haben, sich nur bedingt und mit sehr viel Feingefühl ausbilden lassen und sehr gut sozialisiert werden müssen, damit sie nicht scheu werden. Sie sind nichts für Anfänger!

Herdenschutzhunde haben einen ausgeprägten Schutztrieb und lassen sich nur mit viel Feingefühl erziehen. (Foto: Widmann

Erst im Jahr 2004 wurde der weiße Schäferhund unter dem Namen „Weißer Schweizer Schäferhund" von der FCI offiziell anerkannt. (Foto: Lehari)

Gruppe 2: Pinscher und Schnauzer, Molossoide, Schweizer Sennenhunde und andere

- **Ursprüngliche Verwendung:**
  Pinscher und Schnauzer:
  Wach- und Schutzhunde
  Molossoide: Herdenschutzhunde
  sowie Wach- und Schutzhunde
  Schweizer Sennenhunde: Treibhunde

Schutztrieb stark ausgeprägt, Jagdtrieb mittelmäßig ausgeprägt, Hütetrieb wenig bis mittelmäßig ausgeprägt.

Die klassischen Gebrauchshunde wie Dobermann, Riesenschnauzer, Boxer, Rottweiler und Hovawart lassen sich gut ausbilden, brauchen aber einen konsequenten Rudelführer, der sich durchsetzt. Die anderen Rassen, die ursprünglich als Bewacher von Viehherden oder von Haus und Hof zum selbstständigen Arbeiten und Handeln gezüchtet wurden, besitzen oft eine gewisse Sturheit und Eigenwilligkeit und lassen sich nur mit viel Geduld und Feingefühl erziehen, aber nie in dem Maße, wie es zum Beispiel bei Hütehunden der Fall ist.

Die kleineren Rassen sind in der Regel temperamentvoller und bellfreudiger, die großen Rassen bestechen durch ihre Ruhe und Gelassenheit. Viele von ihnen sind zuverlässige Wachhunde, die auch ihre Menschen kompromisslos verteidigen, wenn sie es für notwendig halten. Fremden gegenüber sind die meisten Rassen zurückhaltend bis misstrauisch.

Gruppe 3: Terrier

- Ursprüngliche Verwendung:
  Jagd auf Fuchs und Dachs, Rattenbeißer, Bullenbeißer

Jagdtrieb stark ausgeprägt, Schutztrieb mittelmäßig bis stark ausgeprägt, Hütetrieb wenig ausgeprägt.

Typisch für alle Terrier sind Mut, Selbstständigkeit und eine gewisse Schärfe. Die kleineren Rassen sind sehr temperamentvoll, selbstbewusst, mitunter recht bellfreudig und verlangen eine konsequente Erziehung. Die größeren Vertreter sind ruhige, zuverlässige Beschützer, die sich meist gut ausbilden lassen. Der Airedale Terrier gehört zu den klassischen Gebrauchshunden. Die bullartigen Terrier unterliegen aufgrund der Kampfhundbestimmungen in Deutschland einem Zuchtverbot und ihre Haltung ist mit bestimmten Auflagen verbunden.

Gruppe 4: Dachshunde

- Ursprüngliche Verwendung:
  Jagdliche Arbeit unter der Erde (Fuchs- und Dachsjagd)

Jagdtrieb stark ausgeprägt, Schutztrieb mittelmäßig ausgeprägt, Hütetrieb wenig ausgeprägt.

Für den jagdlichen Einsatz mussten die Dackel selbstständig und mutig sein. Verbunden mit einem gewissen Eigensinn erfordern sie daher eine konsequente Erziehung mit viel Geduld. Als Beschützer von Haus und Hof zeigen sie auch eine gewisse Bellfreudigkeit. Man unterscheidet drei verschiedene Größen (Normalschlag-, Zwerg- und Kaninchendackel) und drei verschiedene Fellbeschaffenheiten (Rauhaar, Kurzhaar und Langhaar).

Gruppe 5: Urtyphunde, Nordische Hunde und Spitze

- Ursprüngliche Verwendung:
  Jagdhunde, Schlittenhunde, Hütehunde und Wachhunde, je nach Rasse

Abhängig von der Verwendung sind die Triebe der einzelnen Rassen unterschiedlich stark ausgeprägt. Die nordischen Hunde haben in der Regel alle einen sehr starken Jagdtrieb, eignen sich aber nicht als Wach- oder Schutzhunde. Die europäischen Spitze dagegen haben kaum Jagdtrieb, sind aber ausgesprochen wachsam.

Meistens mittelgroße, bewegungsfreudige Hunde mit oft ursprünglichen Merkmalen (Urtyphunde bellen kaum, Läufigkeit nur einmal im Jahr). Viele von ihnen sind nur schwer zu erziehen und auszubilden, besonders die Urtyphunde und die asiatischen Rassen. Außer den Spitzen, die als klassische

Wachhunde gern Haus und Hof bewachen, eignen sich die wenigsten als reine Familienhunde. Die nordischen Schlitten- und Jagdhunde sollten gemäß ihrer Eignung sportlich oder jagdlich eingesetzt werden.

Gruppe 6: Laufhunde, Schweißhunde und verwandte Rassen

- **Ursprüngliche Verwendung:**
  Laufhunde: Jagd in der Meute, um das Wild aufzuspüren und spurlaut zu verfolgen
  Schweißhunde: Arbeit nach dem Schuss zum Aufspüren des angeschossenen Wildes

Jagdtrieb stark ausgeprägt, Schutztrieb und Hütetrieb wenig ausgeprägt.

Größte aller Rassegruppen mit vorwiegend spezialisierten Jagdhunden, die durchweg Menschen gegenüber freundlich sind. Nur wenige werden als Familienhunde gehalten. Der Beagle ist zu einem freundlichen Familienhund geworden, hat aber seine Jagdleidenschaft nicht verloren und verfolgt gern eine Fährte, wobei sein helles, melodisches Bellen weithin zu hören ist. Diese Jagdleidenschaft muss bei allen Laufhunden unbedingt berücksichtigt werden.

Dalmatiner und Rhodesian Ridgeback zählen auch zu dieser Gruppe. Dalmatiner sind schon lange beliebte Familien- und Reiterhunde und lassen sich gut ausbilden. Der Ridgeback als ursprünglicher Jagdhund wird bei uns fast nur als Familienhund gehalten. Er besitzt eine gewisse Sturheit und muss mit Geduld und Konsequenz erzogen werden.

Auch der Basset Hound gehört zu den Laufhunden und zeichnet sich durch seine gute Nase aus. (Foto: Steimer)

Der English Pointer gilt als Feldspezialist und gehört zur Gruppe der Vorstehhunde. (Foto: Esser)

Gruppe 7: Vorstehhunde

- **Ursprüngliche Verwendung:**
  Jagdhunde, die das Wild entdecken, es dem Jäger durch die typische Vorstehhaltung anzeigen und nach dem Schuss apportieren; heute vielseitig eingesetzte Jagdhunde

Jagdtrieb stark ausgeprägt, Schutztrieb wenig bis mittelmäßig ausgeprägt, Hütetrieb wenig ausgeprägt.

Temperamentvolle, in der Regel zu Menschen freundliche Hunde, manche mit einer gewissen Schärfe. Die meisten werden als Jagdgebrauchshunde eingesetzt, nur wenige werden als reine Familienhunde gehalten. Lassen sich gut ausbilden und schließen sich eng an ihre Menschen an. Der ausgeprägte Jagdtrieb muss aber unbedingt berücksichtigt werden.

Gruppe 8: **Apportierhunde, Stöberhunde und Wasserhunde**

- **Ursprüngliche Verwendung:**
  Apportierhunde: Arbeit nach dem Schuss, Apportieren des Wildes (Retriever)
  Stöberhunde: Aufstöbern des Wildes (Spaniel, Wachtelhund)
  Wasserhunde: Apportieren aus dem Wasser

Jagdtrieb mittelmäßig bis stark ausgeprägt, Schutztrieb wenig bis mittelmäßig ausgeprägt. Hütetrieb wenig ausgeprägt.

Einige Hunde dieser Rassegruppe haben sich zu äußerst beliebten Familienhunden

Der Curly Coated Retriever mit seinem typischen Lockenfell gehört zu den seltenen Retrieverrassen. (Foto: Widmann)

entwickelt. Viele von ihnen werden auch nicht mehr jagdlich eingesetzt. Sie lassen sich in der Regel sehr gut erziehen und sind freundlich gegenüber Menschen, daher sind sie als Wachhunde weniger geeignet. Auch wenn sie häufig als die idealen Familienhunde angesehen werden, besitzen viele von ihnen immer noch einen ausgeprägten Jagdtrieb, der beim Spaziergang durch Feld und Wald berücksichtigt werden muss.

Gruppe 9: Gesellschaftshunde

- Ursprüngliche Verwendung:
  Begleit- und Familienhunde, „Schoßhunde"

Schutztrieb mittelmäßig ausgeprägt, Jagd- und Hütetrieb wenig ausgeprägt.

Zu dieser Rassegruppe gehören mit wenigen Ausnahmen nur kleine Hunderassen, die für keine spezielle Verwendung gezüchtet wurden, sondern schon immer als reine

Der Mops ist eine alte Rasse, die bei uns immer noch viele Liebhaber hat. (Foto: Lehari)

Begleithunde dienten. Sie besitzen meistens ein freundliches Wesen und sind problemlos zu halten, auch von weniger hundeerfahrenen Menschen. Für viele Rassen typisch ist eine üppige Fellpracht oder ein besonders edles, seidiges Haarkleid, das allerdings auch regelmäßiger Pflege bedarf. Da diese Hunde für keinen bestimmten Zweck gezüchtet wurden, erfolgte ihre Selektion auch nicht dahingehend, ob sie gut auszubilden sind. Daher kann ihre Erziehung ein wenig Mühe kosten. Eine Ausnahme stellen hier die Pudel dar, die von Wasserhunden abstammen, sehr gelehrig sind und sich somit auch gut erziehen und ausbilden lassen. Die kleinen Gesellschaftshunde sind besonders für Hundefreunde in der Stadt und/oder mit eingeschränkten Wohnverhältnissen geeignet.

Gruppe 10: Windhunde

- **Ursprüngliche Verwendung:** Hetzjagd

Jagdtrieb stark ausgeprägt, Schutztrieb mittelmäßig ausgeprägt, Hütetrieb wenig ausgeprägt.

Ganz typisch für alle Windhunde sind der schlanke Körper und das große Laufbedürfnis. Aufgrund einer gewissen Eigenwilligkeit und Selbstständigkeit sind der Erziehung und Ausbildung Grenzen gesetzt. Völlige Unterordnung darf man von ihnen nicht erwarten. Fremden Menschen gegenüber sind sie freundlich bis reserviert. Windhunde sollten regelmäßig die Gelegenheit bekommen, sich auf der Rennbahn oder beim Coursing oder zumindest am Fahrrad auszulaufen. Als Sichtjäger dürfen sie in wildreichen Gegenden nicht frei laufen gelassen werden. Die beiden größten Rassen, der Irish Wolfhound und der Deerhound, sind eher ruhige Vertreter.

Windhunde wie dieser Afghanische Windhund haben ein großes Laufbedürfnis. (Foto: Widmann)

Ob Sie sich für einen Rüden oder für eine Hündin entscheiden, ist manchmal auch eine Gefühlssache. (Foto: Lehari)

Auswahl des passenden Welpen

Nun haben Sie den richtigen Züchter gefunden, bei dem Sie sich einen kleinen Vierbeiner – ob Rassehund oder Mischling – aussuchen können. Bevor Sie aber die endgültige Wahl treffen, sollten Sie entscheiden, ob Sie lieber einen Rüden oder eine Hündin möchten. Manchen Hundefreunden ist das völlig egal und sie werden mit beidem glücklich. Die meisten haben aber eine Vorliebe für ein bestimmtes Geschlecht, die nicht immer auf objektiven Kriterien beruht, sondern eine Gefühlssache ist.

Rüde oder Hündin?

Bei den meisten Hunderassen sind die Geschlechter schon anhand von Körperbau und Kopfform zu unterscheiden. In der Regel besitzt ein Rüde einen kräftigeren, muskulöseren Körper und einen breiteren Schädel als die Hündin. Sein Stockmaß ist gewöhnlich etwas höher. Besonders bei kurzhaarigen Rassen kommt der maskuline Körperbau gut zur Geltung, da unter dem glatten Fell das Muskelspiel besser zu erken-

Im Welpenalter sind die charakterlichen und körperlichen Unterschiede von Rüde und Hündin noch nicht so sehr ausgeprägt. (Foto Widmann)

Rüden beginnen erst mit dem Beinheben, wenn sie geschlechtsreif sind. Vorher hocken sie sich zum Urinieren noch hin. (Foto: Lehari)

nen ist. Die etwas zarter gebaute Hündin erscheint weniger athletisch und wirkt daher, wenn sie gut im Futter ist, schneller etwas pummelig. Der zierlichere Kopf und die häufig auch sanfter erscheinenden Augen unterstreichen den femininen Ausdruck.

Aufgrund von Veranlagung und individuellen Erfahrungen im Jugendalter entwickeln Rüden ein mehr oder weniger starkes Selbstbewusstsein. Sehr selbstbewusste Tiere besitzen dann meistens ein ausgeprägtes Territorialverhalten und versuchen auch außerhalb des heimischen Territoriums alle anderen männlichen Hunde zu dominieren. Akzeptiert dann der andere Rüde diese Dominanz nicht sofort, indem er sich unterwirft beziehungsweise die Flucht ergreift, oder legt er ein ähnlich selbstbewusstes Verhalten an den Tag, kann es zu Raufereien kommen. Bei normal veranlagten Hunden enden solche Rangeleien, die viel schlimmer aussehen, als sie in Wirklichkeit sind, meist nach relativ kurzer Zeit ohne größere Blessuren. Es gibt aber auch viele Rüden, die von äußerst friedfertiger Natur sind und sich mit allen Hunden vertragen oder einer Auseinandersetzung lieber aus dem Weg gehen, besonders wenn sie im

Welpen- und Junghundalter gut sozialisiert wurden.

So ablehnend manche Rüden gegen Geschlechtsgenossen sind, so stark werden sie von Hündinnen angezogen. Rüden versuchen meistens jeder Hündin den Hof zu machen und lassen sich im Normalfall alles von den häufig ablehnend reagierenden Damen gefallen. Rüden mit normalen Instinkten würden niemals eine Hündin anfallen. Begegnet ein Rüde einer läufigen Hündin, ist er meistens mit guten Worten nicht einfach von ihr wegzuholen, da sie allzu verführerisch duftet und auch seine Annäherungsversuche nicht mehr ablehnt. Sehr triebhafte Rüden sollten daher beim

Alle Welpen sind niedlich, daher fällt die Wahl nicht immer leicht. (Foto: Lehari)

Spaziergehen angeleint werden, wenn in der Umgebung läufige Hündinnen sind, damit sie nicht selbstständig auf Brautschau gehen.

Hündinnen sind im Allgemeinen gegenüber Artgenossen etwas friedfertiger oder gleichgültiger als Rüden. Allerdings kann es zwischen zwei Hündinnen auch zu Beißereien kommen. Grundsätzlich dürfte es aber eher seltener vorkommen, dass Hündinnen in schlimme Raufereien verwickelt sind. Wird es allerdings ernst zwischen zwei Hündinnen, sind die Auseinandersetzungen häufig deutlich vehementer als zwischen zwei Rüden.

Eine Hündin wird alle sieben bis neun Monate läufig, manche noch seltener. Die Läufigkeit erstreckt sich etwa über drei Wochen, wobei die empfängnisbereite Zeit nur wenige Tage beträgt. Während der Läufigkeit ändert eine Hündin ihr Verhalten ganz drastisch. Sie zeigt auf einmal reges Interesse an Rüden, auch wenn sie sonst recht ablehnend ist. Nicht selten ist ihr Fortpflanzungstrieb dann so stark, dass sie alle guten Manieren vergisst und selbst versucht, auf der Suche nach einem passenden Freier auszubüxen. Daher rührt übrigens das Wort „läufig". Auf jeden Fall muss man zu dieser Zeit besonders gut auf eine Hündin aufpassen. Während der Hitze sondert eine Hündin einen mehr oder weniger blutigen Ausfluss aus der Scheide ab. Dieser Ausfluss kann unterschiedlich stark ausgeprägt sein. Manche Hündinnen reinigen sich ständig so gründlich, dass man von dem Ausfluss kaum etwas merkt. Bei anderen kann es dagegen unter Umständen zu Verunreinigungen in Form von Blutflecken auf Teppich oder Mobiliar kommen, sodass man entsprechende Vorkehrungen (Höschen) treffen muss.

Sowohl Rüden als auch Hündinnen können sich eng an ihren Menschen anschließen und ebenso verschmust oder liebesbedürftig sein. Allerdings sind Hündinnen im Allgemeinen leichter zu führen und auch sensibler. Ein Rüde erfordert meistens eine etwas strengere und konsequentere Erziehung, da er eher mal versucht, seinen Kopf durchzusetzen. Dafür bringt er aber auch seine Zuneigung häufig deutlicher zum Ausdruck. Auch ist er draußen häufig viel stärker daran interessiert, die Duftmarken seiner Artgenossen zu lesen und seine Antworten dazu in Form des regelmäßigen Beinhebens zu hinterlassen. Eine Hündin setzt wesentlich seltener Urin ab (mit Ausnahme der vier Wochen direkt vor und während ihrer Läufigkeit), sodass man beim Spazierengehen nicht genötigt wird, an jedem interessant riechenden Baum oder Zaunpfosten anzuhalten.

Welcher Welpe soll es sein?

Wann ein Züchter Sie zum ersten Mal die Welpen besuchen lässt, ist ganz unterschiedlich. Manche haben kein Problem damit, die Welpen schon in den ersten Wochen vorzuführen. Andere lassen frühes-

Die Auswahl des passenden Welpen ist nicht immer einfach. Erfahrene Züchter können wertvolle Hilfestellung leisten. (Foto: Pinnekamp)

tens Besucher zu, wenn die Welpen vier Wochen alt sind.

Bei Züchtern liegen häufig schon zahlreiche Vorbestellungen vor, sodass oft schon alle Welpen vergeben sind. Oft behält sich der Züchter vor zu entscheiden, welcher Welpe Ihnen zugeteilt wird, denn er hat die Kleinen schon über Wochen täglich beobachten können und das Wesen jedes einzelnen kennengelernt. Somit kann er besser beurteilen, welcher Welpe zu Ihnen und Ihren Bedürfnissen passt. Kommt nur ein bestimmtes Geschlecht oder eine bestimmte Färbung – falls es Unterschiede innerhalb eines Wurfs gibt – für Sie infrage, sollte der Züchter das natürlich berücksichtigen. Bei Mischlingswürfen bleibt einem die Auswahl meistens selbst überlassen. Sicherlich kann man in den ersten Lebenswochen noch nicht vorhersagen, wie sich der kleine Hund weiterentwickelt, aber dennoch fühlt man sich immer spontan zu einem bestimmten Welpen hingezogen, was sich nicht immer erklären lässt.

Wesenstest für Welpen

Eine kleine Erleichterung bei der Auswahl des richtigen Welpen kann ein sogenannter Wesenstest für Welpen bieten. Er gibt in gewissem Maße Aufschluss über Charak-

Durch das Auf-den-Rücken-Drehen kann man schon beim Welpen testen, ob er zu dominantem Verhalten neigt. (Foto: Widmann)

tereigenschaften und Wesenszüge und man gewinnt einen Eindruck davon, ob ein Welpe eher draufgängerisch, schüchtern oder ganz ausgeglichen ist.

Der Wesenstest für Welpen sollte in einer für die Tiere unbekannten Umgebung stattfinden.

1. Zuerst wird das Interesse an fremden Menschen überprüft. Sie sind ja noch ein Fremder für den Welpen. Wie reagiert der Welpe auf fremde Menschen?

Setzen Sie das Tier ab und entfernen Sie sich ein paar Schritte von ihm. Jetzt versuchen Sie ihn zu locken. Folgt er Ihnen, kann man annehmen, dass er eher neugierig und aufgeschlossen als schüchtern ist.

In einem zweiten Schritt müssen Sie sich erneut von ihm entfernen – diesmal sollten Sie ihn aber nicht locken. Bleibt er abwartend zurück und erweist sich so als vorsichtiger Genosse oder springt er auf und rennt hinterher? Letzteres könnte man eher als draufgängerisches Verhalten interpretieren.

2. Mit dem zweiten Test kann man feststellen, wie apportierfreudig der Welpe ist.

Werfen Sie ein kleines Spielzeug weg und beobachten Sie dann, ob der Welpe hinterherläuft und es vielleicht sogar aufnimmt und mit sich herumträgt.

3. Der dritte Test gibt Aufschluss über das Dominanzgebaren eines Welpen. Hierfür nimmt man den Welpen auf den Schoß, rollt ihn auf die Seite und legt ihn dann auf den Rücken. Jetzt wartet man, wie der Kleine reagiert: Bleibt er ruhig und friedlich oder beginnt er zu zappeln und möchte wieder schnell aus dieser Position heraus? Zeigt er die zweite Reaktion, neigt er zu einem dominanten Verhalten.

Sicherlich ist solch ein Test nicht ausschlaggebend für die Auswahl des passenden Welpen. Er kann aber eine Anregung dafür sein, wie man sich vor dem Kauf mit dem Welpen beschäftigt. Denn schließlich müssen sich beide ein wenig beschnuppern können. Letztendlich spielen noch viele andere Faktoren und natürlich der gut gemeinte Rat des Züchters eine ausschlaggebende Rolle bei der Auswahl.

Auch wenn Ihr kleiner Welpe gesund ist, sollten Sie pünktlich zur ersten Nachimpfung bei Ihrem Tierarzt vorstellig werden. (Foto: Pinnekamp)

Gesundheit und körperliche Entwicklung

Kurz bevor die Welpen vom Züchter abgegeben werden, erfolgt noch eine Abgabeuntersuchung durch den Tierarzt. Er untersucht Augen, Ohren, Zähne, Wolfskrallen (falls vorhanden) und den Nabel der bereits geimpften und entwurmten Hunde. Zudem überprüft er, ob bei Rüden die Hoden gut aus der Leistengegend in den Hodensack abgestiegen sind. Wenn alle Welpen gesund sind, können sie in den nächsten Tagen von ihren neuen Besitzern abgeholt werden. Daher ist es nicht notwendig, dass Sie mit Ihrem neuen Welpen sofort einen Tierarzt aufsuchen. Wurde beim Züchter eine Abgabeuntersuchung durchgeführt, reicht es völlig aus, wenn Sie mit dem Kleinen für die erste Nachimpfung zum Tierarzt gehen. Achten Sie darauf, dass der Tierarztbesuch für den Welpen ein positives Erlebnis wird, damit er später keine Angst vor dem Tierarzt hat. Verschönern Sie ihm die Wartezeit mit Leckerli und einem kleinen Spiel und belohnen Sie ihn auch im Wartezimmer vor und nach der Behandlung mit Leckerbissen, um

Mit der Kolostralmilch nimmt der Welpe wichtige Immunstoffe auf, die ihn in den ersten Lebenswochen vor gefährlichen Infektionen schützen. (Foto: Widmann)

eine positive Verknüpfung zu erreichen. Gehen Sie anschließend noch kurz mit ihm spazieren, bevor Sie wieder den Heimweg antreten.

Falls Sie einen Welpen aufnehmen, der – aus welchem Grund auch immer – noch nicht von einem Tierarzt untersucht und auch nicht geimpft wurde, sollte Ihr erster Gang dann in die Tierarztpraxis führen, wo Ihr kleiner Schützling untersucht wird und Sie ausführlich beraten werden können.

Entwurmen und Impfen

Innerhalb der ersten acht Stunden nach der Geburt sollten alle Welpen mindestens einmal bei der Mutter gesaugt haben, um die sogenannte Biestmilch oder Kolostralmilch aufzunehmen. So werden die Jungtiere mit lebenswichtigen Vitaminen, Mineralstoffen und vor allem mit Antikörpern versorgt, wodurch ihr Immunsystem ihnen in den ersten Lebenswochen einen ausreichenden Schutz gegen Infektionen bietet. Dieser Schutz betrifft natürlich nur Erkrankungen, welche die Mutter durchgemacht hat oder gegen die sie geimpft wurde und somit selbst ausreichend Antikörper gebildet hat. Die mit der Biestmilch aufgenommenen Antikörper gelangen aus dem Darm des Welpen in dessen Blut. Das funktioniert aber nur in den ersten beiden Lebenstagen, da später die Darmwand undurchlässig für diese Riesenmoleküle wird. Wie lange dieser Immunschutz anhält, hängt davon ab, wie viele Antikörper die Welpen auf diese Weise aufgenommen haben. Bei einer gesunden Mutterhündin mit einem guten Abwehrsystem hält der Schutz etwa acht Wochen. Dann erfolgt die erste Impfung der Welpen – nicht früher, da sonst die bis dahin wirksamen Antikörper, die über die Muttermilch aufgenommen wurden, sozusagen neutralisiert werden.

Durch die Muttermilch können sich die Neugeborenen jedoch auch mit Spulwürmern infizieren, falls sie die Wurmlarven nicht bereits in der Gebärmutter aufgenommen haben, wie es meistens der Fall ist. Spulwurmlarven überdauern nämlich in einer Art Ruhestadium im Körper der Mutter, werden auf die Welpen übertragen und entwickeln sich dort weiter zu fertigen Würmern. Deshalb ist eine Wurmkur ab der zweiten Lebenswoche absolut notwendig.

Entwurmen von Welpen und Junghunden

- Ab dem 14. Lebenstag alle 14 Tage bis zur achten beziehungsweise zehnten Lebenswoche gegen Rundwürmer
- Im Alter von vier Monaten mit Breitbandwurmmittel
- Danach alle drei bis vier Monate mit Breitbandwurmmittel

In jüngster Zeit wird die Notwendigkeit einer Impfung immer wieder mal infrage gestellt und so mancher Hundehalter lässt seinen Hund nicht impfen. Diese Einstellung ist meines Erachtens aber nicht vertretbar, denn Infektionskrankheiten spielen nach wie vor eine große Rolle, und es treten immer noch bestimmte Erkrankungen auf, die zum Teil sogar tödlich verlaufen können, aber durch eine Impfung verhindert werden oder zumindest dadurch deutlich milder und kürzer verlaufen.

Durch die regelmäßige Impfung konnten beispielsweise Infektionskrankheiten wie Staupe und Parvovirose zurückgedrängt werden. Durch den grenzüberschreitenden Tierhandel und die Zunahme des internationalen Reiseverkehrs entstehen aber neue Gefahren. Die regionalen Neuausbrüche von Staupe und Parvovirose in den letzten Jahren oder aus dem Ausland eingeschleppte Tollwutfälle sprechen dafür, die Impfdisziplin aufrechtzuerhalten.

Beim Welpen muss zuerst für die Grundimmunisierung gesorgt werden. Unter Grundimmunisierung versteht man beim Hund die in den ersten beiden Lebensjahren vorgenommene Impfabfolge. Impfungen erfolgen dabei in der achten, zwölften und 16. Lebenswoche sowie im 15. Lebensmonat. Anschließend muss der bestehende Impfschutz durch regelmäßige Auffrischungen erneuert werden (Wiederholungsimpfungen). Der Besuch von Welpenspielgruppen ist meist nur mit nachgewiesenem Impfschutz erlaubt und sinnvoll.

Empfohlenes Impfschema

- 8. Lebenswoche
  HCC, Leptospirose, Parvovirose, Staupe, Tollwut
- 12. Lebenswoche
  HCC, Leptospirose, Parvovirose, Staupe, Tollwut
- 16. Lebenswoche
  HCC, Parvovirose, Staupe, Tollwut
- 15. Lebensmonat
  HCC, Leptospirose, Parvovirose, Staupe, Tollwut

Es gibt auch noch die Möglichkeit, gegen andere Infektionskrankheiten wie Borreliose, Zwingerhusten oder Babesiose zu impfen. Ob diese Impfungen sinnvoll oder notwendig sind, hängt von den Lebensumständen und Haltungsbedingungen Ihres Hundes ab. Lassen Sie sich diesbezüglich vom Tierarzt beraten.

Kennzeichnung und Heimtierausweis

Früher erfolgte die Kennzeichnung von Welpen durch eine Tätowierung im Ohr. Seit 2002 gibt es zur Kennzeichnung auch einen Mikrochip, der mithilfe einer Kanüle an der linken Halsseite unter die Haut gepflanzt wird. Ab Mitte 2011 ist die Kennzeichnung mit einem Mikrochip Pflicht. Tätowierungen werden dann nicht mehr anerkannt. Dieser winzige Chip setzt sich im Bindegewebe fest

Heute werden alle Welpen durch einen Mikrochip gekennzeichnet. (Foto: Widmann)

und verkapselt sich dort. Jeder Mikrochip enthält als Information eine eindeutige Identifikationsnummer, die mit einem speziellen Lesegerät sichtbar gemacht wird. So kann der Hund jederzeit und überall dort, wo ein Lesegerät vorhanden ist – ob beim Tierarzt, bei der Behörde oder im Tierheim –, eindeutig identifiziert werden.

Seit 2004 muss auch jeder Hundebesitzer einen EU-Heimtierausweis besitzen, wenn er mit seinem Tier ins europäische Ausland reisen möchte. Somit ist es heutzutage Pflicht, dass ein Welpe mit einem Mikrochip gekennzeichnet wird und statt des früher üblichen Impfpasses einen EU-Heimtierausweis erhält.

Die Identifikationsnummer ist im Heimtierausweis vermerkt und kann bei einer zentralen Registrierungsstelle (TASSO Haustierzentralregister) hinterlegt werden. Dort sind dann Name und Adresse des Hundebesitzers gespeichert, und bei Verlust kann ein aufgegriffener Hund auf diese Weise schnell identifiziert und sein Besitzer benachrichtigt werden.

Entwicklung der Sinne

Der größte Teil der körperlichen sowie geistigen Entwicklung im Leben eines Hundes vollzieht sich im ersten Lebensjahr, wobei

Kurz nach der Geburt sind Welpen noch völlig hilflos und auf die Pflege der Mutter angewiesen. (Foto: Widmann)

die Fortschritte seiner geistigen und physischen Fähigkeiten gerade in den ersten Wochen und Monaten enorm sind.

Welpen kommen als sogenannte Nesthocker auf die Welt, das heißt, sie sind noch völlig hilflos und auf die Pflege der Mutter angewiesen. Sie haben zwar schon Haare, aber sie sind noch blind und taub und auch in ihrer körperlichen Beweglichkeit sehr eingeschränkt. Dennoch haben einige ihrer Sinne und Gehirnfunktionen schon im Mutterleib die Arbeit aufgenommen. So ist der Tast- und Geschmackssinn eines Welpen schon vor der Geburt funktionsfähig. Auch Wärme, Kälte und vor allem Schmerz kann ein Welpe empfinden, sobald er das Licht der Welt erblickt. Auch das Gleichgewichtsorgan nimmt bei Welpen schon vor der Geburt seine Funktion auf, damit der Kleine, sobald er auf die Welt kommt, auch wahrnimmt, wo oben und unten ist, sich räumlich orientieren kann und ganz allmählich lernt, seine Bewegungen zu koordinieren.

Wie sich die Sinne entwickeln, zeigt folgende Tabelle:

Entwicklung der Sinne beim Welpen

Sinn	Beginn der Wahrnehmung	Maximale Empfindlichkeit erreicht
Tastsinn	Im Uterus	Wenige Tage nach der Geburt
Temperatursinn	Im Uterus	Wenige Tage nach der Geburt
Schmerzempfinden	Im Uterus	Wenige Tage nach der Geburt
Gleichgewichtssinn	Im Uterus	Wenige Tage nach der Geburt
Geruchswahrnehmung über das Mundriechorgan	Unmittelbar nach der Geburt gut gut ausgeprägt	Zum Zeitpunkt der Geschlechtsreife
Geruchswahrnehmung über die Nase	Einzelne Duftstoffe bereits einige Stunden nach der Geburt	Kontinuierliche Zunahme der Leistungsfähigkeit bis zum vierten oder fünften Lebensmonat
Geschmackssinn	Bereits im Uterus	Wenige Tage nach der Geburt
Sehen	Mit etwa 14 Tagen	Im Alter von drei Monaten
Hören	Mit etwa 17 Tagen	Im Alter von drei Monaten

Alle diese bereits intakten Sinne sind schon in den ersten Lebenstagen überlebenswichtig. Denn könnte der Welpe die Zitze mit der Muttermilch nicht lokalisieren und dorthin robben, hätte er keine Überlebenschance. Gleichzeitig wird dadurch die Funktion der Sinnesorgane und des Gehirns angeregt. Somit ist es für die Entwicklung des Kleinen ganz wichtig, dass er sich schon vom ersten Tag an allein den ersten Herausforderungen stellt. Wird ein Welpe beispielsweise immer bei der Mutterhündin an die Zitze angelegt, wird ihm selbst wenig abverlangt und er lernt nichts dazu, was sich hemmend auf die Gehirnentwicklung auswirkt.

Seit Langem ist bekannt, dass Hunde – wie viele andere Tiere auch – außer ihrer hervorragenden Nase noch ein weiteres Geruchsorgan besitzen, das auch als Jacobson'sches oder Vomeronasal-Organ bezeichnet wird. Dieses Organ nimmt vermutlich schon im Mutterleib seine Funktion auf. Die entsprechenden Sinneszellen befinden sich am Gaumen, also in der Mundhöhle, und unterscheiden sich von Riechzellen, wie sie in der Nase vorhanden sind. Das Jacobson'sche Organ ist vor allem dazu da, Pheromone von Artgenossen aufzunehmen. Diese spielen besonders beim Sozialkontakt zwischen Artgenossen eine Rolle und sind somit schon beim Welpen für eine gesunde Entwicklung äußerst wichtig.

Als Rudeltier ist es für einen kleinen Hund, der mit seinen Geschwistern, seiner Mutter und vielleicht noch anderen Artgenossen aufwächst, von Bedeutung, möglichst früh ein gesundes Sozialverhalten zu entwickeln, um im Rudel zu bestehen. Außerdem setzt das Muttertier ständig Pheromone frei, an denen sich ihr Nachwuchs orientieren kann. Später spielt das Jacobson'sche Organ auch eine wichtige Rolle beim Fortpflanzungsverhalten, da ein Rüde mit ihm vor allem die verlockenden Düfte einer läufigen Hündin regelrecht aufsaugt, um genau darüber informiert zu werden, in welcher Phase ihres Zyklus sie sich gerade befindet.

Das Aufnehmen von anderen flüchtigen Duftstoffen über das Riechepithel in der Nase – die Grundlage für die außergewöhnliche Nasenleistung unserer Hunde – beginnt erst nach der Geburt, das heißt, das normale Geruchsvermögen entwickelt sich erst allmählich und ist etwa mit fünf oder sechs Monaten voll ausgereift.

Die Sinneszellen der Netzhaut sind zwar bei der Geburt schon voll entwickelt, sie erhalten aber ihre ersten Reize erst, wenn sich im Alter von rund 14 Tagen die Augenlider langsam öffnen. Etwa zur selben Zeit werden auch die Ohrkanäle, die bis dahin noch durch Hautfalten der äußeren Gehörgänge verschlossen sind, langsam geweitet, sodass jetzt erst Schallwellen bis zum Trommelfell vordringen können und die ersten Geräusche wahrgenommen werden.

Ab der vierten Lebenswoche sind die Sinnesorgane des Welpen schließlich weitgehend voll ausgebildet und er wird ab jetzt mit einer immer größer werdenden Fülle von Umweltreizen konfrontiert. Das bringt seine Gehirnentwicklung auf Trab. Diese Lernprozesse sind nicht abzuschalten. Sie laufen auch auf körperlicher Ebene im Nervensystem ab.

In dieser Zeit reagieren Welpen sehr stark auf Umweltreize. Ungewohnte Geräusche lassen die Hundekinder sofort aufhorchen, auf unerwartete optische Eindrücke, die plötzlich in ihrem Gesichtsfeld auftauchen, reagieren sie mit kurzem Zusammenzucken. Auch auf Berührungen und sozialen Kontakt reagieren sie. Aber weshalb ist das so? Es hat etwas mit der Entwicklung des Nervensystems zu tun. Ungefähr ab dem 25. Lebenstag beginnen sich die bisher weit verstreuten und nicht miteinander verbundenen Nervenzellen zu vernetzen. Wenn dann zahlreiche Verbindungen zwischen ihnen bestehen, können sie die komplexen Aufgaben, die nun auf sie warten, in Angriff nehmen und auch zeitlebens reibungslos erledigen. Würden diese Verknüpfungen fehlen, blieben die Verarbeitung und eine korrekte Sinneswahrnehmung aus – das wäre fatal für das spätere Leben. Denn je leistungsfähiger das Gehirn ist, umso besser gerüstet ist der Hund für das spätere Leben. Wenn Sie also Ihren Liebling im Alter von acht Wochen nach Hause holen, hat er sich von einem kleinen, hilflosen Hundebaby zu einem munteren, flinken Welpen mit wachen Sinnen entwickelt, der nichts als Unfug im Kopf hat und auf stürmische Weise seine neue Welt erkunden und erobern möchte.

Überforderung vermeiden

Ein Hund zählt noch als Welpe bis etwa zum vierten oder fünften Lebensmonat. Danach gilt er als Junghund. Wann er tatsächlich als ausgewachsen oder erwachsen bezeichnet werden kann, ist von Rasse zu Rasse unterschiedlich. Grundsätzlich sind kleine Hunderassen schneller ausgewachsen und auch geistig reif als große Hunde. Die meisten Hunde haben im Alter von etwa einem Jahr schon ihre endgültige Größe erreicht, wobei die körperliche Entwicklung erst abgeschlossen ist, wenn sich Gelenke und Bänder gefestigt haben und von einer gut ausgebildeten Muskulatur gestützt werden. Dies ist häufig – besonders bei großen Rassen – erst im Alter von etwa 18 Monaten der Fall. Die endgültige Ausprägung von Wesen und Charakter kann bei sogenannten Spätentwicklern, dies sind in der Regel auch sehr große Rassen wie viele Molosser oder Herdenschutzhunde, sogar zwei bis drei Jahre dauern. Viele kleine Rassen und auch zahlreiche Jagdhunde sind dagegen frühreif und sowohl geistig wie körperlich eher einsatzfähig und belastbar.

Auf alle Fälle darf ein Welpe weder seelisch noch körperlich überfordert werden. Sicherlich ist die Konfrontation mit vielen verschiedenen Umweltreizen förderlich für die Entwicklung des Welpen (siehe nächstes Kapitel), aber ein Zuviel kann großen Schaden anrichten, wenn das Hundekind zu extremen oder sogar für es bedrohlich wirkenden Dingen ausgesetzt wird. Ein gesundes Mittelmaß ist hier gefragt.

Die Gefahr einer körperlichen Überforderung ist weniger groß. Wenn ein kleiner Hundewelpe nicht mehr laufen mag, setzt er sich hin und geht nicht weiter. Zwingen Sie ihn dann auf keinen Fall zum Weiterlaufen. Nehmen Sie ihn auf den Arm und tragen ihn eine Weile oder bis nach Hause. Sie können für diesen Fall gleich eine passende Tasche oder einen Korb mitnehmen, in den er bestimmt gern als Passagier einsteigt. Besonders wenn man noch einen erwachsenen Hund dabeihat, der einen längeren Spaziergang machen möchte, bewährt sich das Mitführen einer Tragetasche für das Hundebaby, das dann nach Bedarf immer mal wieder ein kurzes Stück mitlaufen kann und sonst getragen wird.

Falls Sie einen sehr unternehmungslustigen Welpen haben sollten, der anscheinend mühelos eine halbe oder sogar ganze Stunde mit spazieren gehen möchte, bremsen Sie ihn lieber. Mehrmals am Tag ein zehnminütiger Spaziergang reicht für einen kleinen Welpen völlig aus. Mit zunehmendem Alter können Sie dann die Dauer der Spaziergänge allmählich erhöhen.

Welpen dürfen anfangs weder körperlich noch geistig überfordert werden. (Foto: Widmann)

Ebenso sollten Welpen möglichst keine Treppen steigen. Solange es die Größe des Hundes und der Zustand Ihres Rückens erlauben, tragen Sie den Welpen auf Treppen sowohl abwärts als auch hinauf. Die noch nicht vollständig ausgebildeten Gelenke können durch zu viel Treppensteigen Schaden nehmen. Da Welpen größerer Rassen ziemlich schnell in der Lage sind, Treppen selbstständig zu steigen, muss bei ihnen besonders darauf geachtet werden, dass sie dennoch möglichst lange getragen werden, wobei es ab einem bestimmten Gewicht einfach nicht mehr möglich ist.

Auch das Ein- und Aussteigen beim Autofahren darf als körperliche Belastung nicht unterschätzt werden. Solange es möglich ist, sollten Sie Ihren Welpen und später auch den heranwachsenden Hund in das Auto hinein- und auch wieder herausheben, um seine Gelenke nicht unnötig zu belasten. Wenn Ihr Hund zu einer Hunderasse gehört, die nicht selten mit Gelenkproblemen zu kämpfen hat, sollten Sie von Anfang an überlegen, ob Sie für Ihr Fahrzeug nicht eine spezielle Rampe als Einstieghilfe anfertigen, sodass Ihr Hund immer bequem und ohne seine Gelenke ständig durch das Springen zu beanspruchen ein- und aussteigen kann. Solch eine Rampe lässt sich leicht aus zwei Brettern mit einem Scharnier selbst herstellen. So kann man sie einfach zusammenklappen und im Auto unterbringen. Mit Teppichresten beklebt wird sie rutschsicher.

Zahnentwicklung

Bei der Geburt ist der Welpe noch zahnlos. Das Milchgebiss bricht zwischen der dritten und sechsten Lebenswoche durch. Die spitzen Zähnchen können empfindlich wehtun, was man beim Spiel mit dem Welpen schnell zu spüren bekommt. Auch die Mutterhündin, die noch ihre Welpen säugt, wird von den kleinen Zähnchen geplagt und das Gesäuge kann entsprechend in Mitleidenschaft gezogen werden. Das Milchgebiss besteht aus 28 Zähnen. Die hinteren Backenzähne fehlen noch. Etwa ab dem fünften Monat, manchmal schon früher, beginnen die Milchzähne auszufallen und weichen dem bleibenden Gebiss, das jetzt 20 Zähne im Oberkiefer und 22 Zähne im Unterkiefer, also insgesamt 42 Zähne umfasst.

Während des Zahnwechsels ist das Nagebedürfnis des Welpen besonders groß. Stuhlbeine, Teppichfransen, Schuhe – nichts ist vor den kleinen Zähnchen sicher. Bieten Sie in dieser Zeit Ihrem Welpen vermehrt Kauartikel an, damit er sein Kaubedürfnis befriedigen kann. Lassen Sie ihn in dieser Zeit nur in einem begrenzten Raum allein, wo er nicht allzu viel anstellen und zernagen kann. Am besten ist es, wenn er an eine Hundebox gewöhnt ist und darin zufrieden schlummert, bis sein Mensch wieder Zeit für ihn hat.

Während des Zahnwechsels sollte man auf Zerrspiele (zum Beispiel mit einem Lappen, einem Stofftier oder einem Spieltau) verzichten, da hierdurch Zähne gewaltsam heraus-

Ein Welpe benötigt geeignete Kauartikel, damit er sich nicht an anderen Dingen vergreift. (Foto: Widmann)

gerissen werden können. Sollte sich beim Durchbrechen der bleibenden Zähne eine Zahnfehlstellung abzeichnen, kann man durch häufiges regelmäßiges Massieren mit sanftem Druck auf den betroffenen Zahn (über den Tag verteilt, so oft es geht, jeweils für ein paar Sekunden oder eine Minute) eine Fehlstellung korrigieren, die sonst später nur durch eine aufwendige kieferorthopädische Maßnahme behoben werden kann.

Bevor der Welpe endgültig bei Ihnen einzieht, sind einige Dinge zu bedenken. (Foto: Lehari)

Einzug des Welpen

Vorbereitungen und Grundausstattung

Bevor der neue Hausgenosse endgültig einzieht, sind in Haus und Garten bestimmte Sicherheitsvorkehrungen zu treffen, damit dem Kleinen nicht irgendetwas zustößt oder er sich versehentlich verletzt. Überprüfen Sie, ob alle aufgeführten Vorsichtsmaßnahmen getroffen wurden und ob Ihre Wohnung oder Ihr Garten noch weitere Gefahren birgt, vor denen Sie den kleinen Welpen schützen müssen.

- Der Garten ist sicher eingezäunt, ebenso wie ein eventuell vorhandener Teich.
- Treppenauf- und -abgänge sind gesichert (zum Beispiel mit Absperrgittern).
- Niedrig angebrachte Steckdosen sind mit Kindersicherungen versehen.
- Es liegen keine Elektrokabel frei auf dem Boden, die der Welpe annagen könnte.
- Giftige Substanzen, wie zum Pflanzenschutzmittel oder andere Chemikalien, sind unzugänglich aufbewahrt.
- Zimmerpflanzen sind außerhalb der Reichweite des Welpen gestellt, da manche von ihnen für Hunde giftig sind.
- Eventuell andere in Haus oder Garten lebende Haustiere haben welpensichere Käfige oder Gehege.

Welpen nagen gern alles an. Daher sollten auch Pflanzen, die giftig sein könnten, nicht in ihre Reichweite gelangen. (Foto: Widmann)

Wenn Sie sich einen Welpen ins Haus holen, berücksichtigen Sie bitte, dass der Kleine die ersten Wochen rund um die Uhr beaufsichtigt werden muss. Sollten Sie berufstätig sein, planen Sie drei bis vier Wochen Urlaub ein, in denen Sie sich sehr intensiv mit dem Welpen beschäftigen, damit er sich an sein neues Rudel und sein Zuhause gewöhnt und schon die ersten Lektionen erlernen kann. Besteht keine Möglichkeit, dass über mehrere Wochen immer eine Person zu Hause ist, sollten Sie von der Anschaffung eines Welpen absehen und sich lieber einen älteren Hund zulegen.

Alle notwendigen Utensilien, die zur Grundausstattung des Hundes gehören, müssen auch schon bereitstehen, wenn der Welpe abgeholt wird. Hierzu zählen:

- Zwei Näpfe (einer für frisches Trinkwasser, einer für das Futter)
- Decke und/oder Körbchen
- Halsband oder Geschirr sowie eine Leine
- Futter für die erste Zeit
- Knabbereien/Leckerli
- Pflegeutensilien (Kamm, Bürste usw.)
- Geeignetes Welpenspielzeug (Quietschtiere aus Latex, Spieltaue, Stofftiere ohne gefährliche Metall- oder Kunststoffanteile)

Ein warmer, weicher Schlafplatz ist für den Welpen wichtig. (Foto: Widmann)

Vor dem Einzug des Welpen muss außerdem geklärt sein, wo der Kleine nachts schlafen soll und wo er sich am Tag hauptsächlich aufhalten darf. Am besten ist es, wenn der Welpe zumindest in den ersten Wochen mit im Schlafzimmer der Erwachsenen schläft. Zum einen fördert dies die Bindung zwischen Mensch und Welpe und es riecht im „Privatbereich" ausschließlich nach der eigenen Familie. Im Wohnbereich hingegen übertünchen die Düfte von Besuchern den Familiengeruch. Außerdem kann der Welpe sich bemerkbar machen, wenn er nach draußen muss oder wenn ihm etwas fehlt.

Ist der Hund später stubenrein und schläft nachts durch, kann man ihn – falls gewünscht – allmählich an einen anderen Platz außerhalb des Schlafzimmers gewöhnen, indem man seine Decke oder sein Körbchen jeden Tag ein bisschen weiter in Richtung seines endgültigen Schlafplatzes verschiebt.

Alle Familienmitglieder sollten sich darüber einig sein, ob sich der Welpe im ganzen Haus oder nur in bestimmten Räumen frei bewegen darf. Auf alle Fälle muss der Welpe an einem zugfreien Ort ein warmes Plätzchen haben, wohin er sich zurückziehen kann und im Bedarfsfall auch zurückziehen muss (wenn zum Beispiel Besucher kommen, die Angst vor Hunden und sogar vor Welpen haben). Auf keinen Fall darf der Welpe feucht und/oder kalt liegen, weil der kleine Körper noch recht empfindlich ist.

Abholen und Eingewöhnen

Grundsätzlich sollten Sie Ihren neuen Hausgenossen selbst abholen. Auf keinen Fall darf der Welpe wie ein Paket verschickt werden. Allein in einem dunklen Behältnis und einer Unmenge von fremden Geräuschen und Gerüchen ausgesetzt, bekommt der Kleine Angst und wird völlig verstört.

Bevor Sie sich auf die Heimfahrt machen, händigt Ihnen der Züchter alle erforderlichen Papiere aus. Hierzu gehören:

- der Kaufvertrag, der von beiden Seiten unterschrieben wird und in dem auch die Zahlungsmodalitäten festgelegt sind. Viele Züchter verpflichten ihre Welpenkäufer dazu, den Hund später auf HD und gegebenenfalls ED (Ellenbogendysplasie) röntgen zu lassen, weil Erkenntnisse darüber für die weitere Zucht sehr wichtig sind. Häufig erhält man dann bei Einsenden der Röntgenergebnisse eine vorher festgelegte Summe vom Kaufpreis zurück.
- der Impfpass sowie eine Bescheinigung über die erfolgten Wurmkuren
- eine Kopie des Wurfabnahmeberichts
- ein Futterplan und häufig auch etwas Futter für die ersten Tage

Die Ahnentafel wird später nachgeliefert, da sie erst bei der Wurfabnahme beantragt wird und es einige Wochen dauern kann, bis sie ausgestellt ist.

Der Welpe muss erst Gelegenheit bekommen, seine neue Umgebung in Ruhe zu inspizieren. (Foto: Steimer)

Wenn Sie einen Mischling abholen, sollten Sie zumindest den Impfpass und die Bescheinigung über erfolgte Wurmkuren erhalten. Am besten ist es, wenn man den Welpen zu zweit abholt, damit eine Person ungestört fahren und die andere sich um den Welpen kümmern kann. Ein Halsband und Leine für einen eventuellen Zwischenstopp, ein Karton oder ein Körbchen mit einer Decke sowie ein Napf und Trinkwasser gehören ins Gepäck, damit der Welpe vor allem auf längeren Strecken gut versorgt ist.

Die beste Zeit für die Abholung sind die Vormittagsstunden. So hat man am ersten Tag noch viele Stunden, die man mit seinem Welpen daheim verbringen kann. Es ist für den Welpen nämlich furchtbar, wenn er abends ins neue Heim kommt und kurze Zeit später sein neues Rudel zu Bett geht. Besser ist es, wenn er sich schon etwas an seine neue Umgebung gewöhnen und mit seinem neuen menschlichen Rudel spielen und schmusen konnte, bevor er – vermutlich sehr müde von den vielen Eindrücken – die erste Nacht weit weg von Mutter und Geschwistern einschläft.

Der Welpe sollte kurz vor der Abholung nicht gefüttert werden, damit ihm auf der

Autofahrt nicht schlecht wird. Der Beifahrer nimmt den Welpen entweder auf den Schoß oder setzt ihn in einen Karton (ausgelegt mit einer Decke) oder ein Körbchen neben sich auf den Rücksitz, um beruhigend auf ihn einwirken zu können. Ist man gezwungen, seinen Welpen allein abzuholen, muss er in einer gesicherten Transportbox befördert werden, damit er nicht im Auto herumspringt.

Verzichten Sie darauf, kurz nach der Ankunft des Welpen Besuch einzuladen. Der Kleine ist irritiert genug durch die Trennung von seiner Mutter und den Wurfgeschwistern sowie von der aufregenden Autofahrt. Es wäre eine zusätzliche Belastung für ihn, wenn im Haus sofort Trubel herrschte. Er muss sich jetzt zunächst in Ruhe an seine neue Umgebung und an sein neues Rudel gewöhnen.

Zu Hause angekommen, sollte der Welpe zunächst die Möglichkeit haben, sich auf dem für ihn zugedachten Platz draußen zu lösen. Hat er sein Geschäft verrichtet, wird

Beschäftigen Sie sich anfangs intensiv mit Ihrem Welpen, damit ihm die Trennung von seiner Mutter und seinen Geschwistern nicht so schwerfällt. (Foto: Steimer)

er anschließend ausgiebig dafür gelobt. Loben Sie nicht, während er sein Geschäft macht, er könnte sonst abbrechen und den Rest im Haus erledigen! Hat er sich gelöst, darf er ins Haus und erst einmal einen Teil seines neuen Zuhauses erkunden. Sprechen Sie viel in liebevollem Ton und kuscheln und spielen Sie mit ihm. Danach wird der Welpe wieder ins Freie gebracht, damit er sich erneut lösen kann. Anschließend erhält er im Haus seine erste Mahlzeit. Nach erneutem Lösen wird er erst einmal satt und erschöpft ein Schläfchen halten. Wird er wach, muss er sofort wieder hinausgebracht werden.

Die ganzen Rituale des ersten Tages und der ersten Nacht sollten anfangs möglichst immer von derselben Person durchgeführt werden, damit der Welpe rasch eine enge Bindung und Vertrauen aufbaut, die er dann allmählich auf alle anderen Familienmitglieder ausdehnen kann.

Haben Sie die ersten Stunden mit Spielen, Schmusen, Beobachten, Füttern, Rausgehen und so weiter gemeinsam gut überstanden, kommt die erste Nacht. Es ist ratsam, dass der Welpe in der Nähe seiner Menschen schläft. Ist dies räumlich nicht möglich, sollte ein Familienmitglied die erste Zeit bei dem Welpen schlafen. Nur so bekommt man mit, wenn sich der Welpe meldet. Wird er unruhig, kann man ihn mit Kraulen und leisem Zuspruch schnell wieder beruhigen. So fällt ihm die Trennung von Mutter und Geschwistern weniger schwer; er fühlt sich nicht allein gelassen, fasst schneller Vertrauen zu der neuen Umgebung und natürlich zu Ihnen und wird auch eher beginnen durchzuschlafen.

Auch wenn der kleine Welpe noch so niedlich ist, muss er vom ersten Tag an wissen, was in seinem neuen Zuhause erlaubt ist und was nicht. Wenn Sie nicht wollen, dass der ausgewachsene Hund bestimmte Bereiche in der Wohnung betritt oder bestimmte Dinge tut, machen Sie das sofort Ihrem Welpen klar. Denn wie soll der erwachsene Hund verstehen, dass er etwas plötzlich nicht mehr tun darf, was geduldet wurde, solange er klein war? Klare Spielregeln von Anfang an sorgen für Eindeutigkeit und geben auch Sicherheit.

Stubenreinheit

Eines der wichtigsten Themen, das frischgebackene Welpenbesitzer in den ersten Wochen ganz besonders beschäftigt und auch weitgehend den Tagesablauf bestimmt, ist die Erziehung zur Stubenreinheit. Wurde der Welpe bereits beim Züchter im Haus gehalten, hat er wahrscheinlich schon die ersten Lektionen gelernt. Aber auch wenn dies nicht der Fall ist, können Sie Ihren Welpen mit entsprechender Umsicht schnell zur Stubenreinheit erziehen – vorausgesetzt, Sie beaufsichtigen ihn anfangs rund um die Uhr.

Von Natur aus versuchen Welpen, sobald sie beginnen, ihre Umwelt zu erkunden, nicht mehr ihr Nest zu beschmutzen und

Zeigen Sie Ihrem Welpen von Anfang an eine geeignete Stelle, wo er sich lösen kann, dann wird er auch später immer wieder diesen Platz aufsuchen. (Foto: Widmann)

entfernen sich daher zum Absetzen von Kot und Urin von der Wurfkiste. Zieht der Welpe bei uns ein, muss man ihm nun beibringen, sein Geschäft nur draußen zu verrichten und sich bemerkbar zu machen, wenn er sich erleichtern muss. Am Anfang ist dies allerdings nicht ganz so einfach, da ein Welpe bis zum Alter von etwa drei Monaten seine Schließmuskeln noch nicht so gut kontrollieren kann und deshalb auch nicht in der Lage ist, über längere Zeit seine Bedürfnisse zurückzuhalten.

Das Leben eines Welpen besteht hauptsächlich aus drei Dingen: Schlafen, Essen und Spielen. Nach allen diesen Tätigkeiten muss sich ein Welpe erleichtern können. Jedes Mal, wenn der Welpe aufwacht, gegessen oder eine Runde gespielt hat, sollte man ihn nach draußen bringen und möglichst immer mit denselben aufmunternden Worten dazu veranlassen, sich zu lösen. Sobald ein Bächlein oder ein Häufchen gemacht wurde, muss er überschwänglich gelobt werden. Schon bald wird er verstehen, was wir von ihm verlangen, und er wird sich, angespornt durch unsere aufmunternden Worte, schnell lösen. Zu dieser Zeit können Sie ihm auch schon beibringen, sich nur an bestimmten Stellen zu lösen. Wird der Welpe hierfür zum Lösen immer in eine bestimmte Ecke im Garten oder ins Gebüsch gebracht, wird er auch später solche Bereiche bevorzugen und nur im äußersten Notfall auf dem Gehweg oder in anderen Bereichen ohne Vegetation sein Geschäft verrichten.

Auch wenn Sie meinen, den Welpen häufig genug hinausgebracht zu haben, kann es dennoch vorkommen, dass er kurze Zeit nach dem letzten Gassigang suchend und vielleicht auch etwas fiepend herumläuft. Ignorieren Sie dieses Verhalten nicht, sondern

Mit drei bis vier Monaten ist ein Welpe in der Regel stubenrein und meldet sich, wenn er hinausmuss. (Foto: Steimer)

bringen Sie ihn trotzdem sofort nach draußen. Denn bei einem kleinen Welpen, der seine Körperfunktionen noch nicht richtig kontrollieren kann, kommt es schon einmal vor, dass durch Aufregung oder Freude die Verdauung beschleunigt oder angeregt wird.

Ein Garten erweist bei der Erziehung zur Stubenreinheit unschätzbare Dienste, da man den Welpen zu jeder Tages- und Nachtzeit ohne viel Aufwand zum Versäubern hinausbringen kann. Wer keinen Garten zur Verfügung hat, muss eben in den ersten Wochen bereit sein, mit seinem kleinen Schützling unzählige Male – anfangs auch nachts – vor die Tür zu gehen. Führt Ihr Weg Sie dabei über Treppen, sollten Sie den Welpen tragen, einerseits, damit nicht unterwegs schon ein Malheur passiert, und vor allem, damit Wirbelsäule und Gelenke des Welpen keinen Schaden nehmen.

Kaum ein Welpe beschmutzt freiwillig sein Lager. Deshalb sollte man den Schlafplatz des Welpen so weit wie möglich eingrenzen, damit er sich meldet, wenn er nach draußen muss. Das bedeutet, die Türen zu anderen Räumen zu schließen, den Welpen in einen mit einer Decke ausgelegten, oben offenen Karton zu setzen oder den Schlafbereich mit einem Brett abzugrenzen. Alternativ können Sie auch eine Transportgitterbox verwenden, in der Sie den Welpen nachts unterbringen und die Sie neben Ihr Bett stellen können. Wir Menschen assoziieren mit der Gitterbox oft eine Art Gefängnis. Ein Welpe fühlt sich darin aber durchaus sicher und wohl und wird sich auch später noch gern dahin zurückziehen, wenn er es von klein auf gewohnt ist, darin zu schlafen. Dann kann man ihn auch später in der Box lassen, wenn er mal kurzzeitig allein bleiben muss, wo er dann ein Nickerchen hält oder sich mit einem Kauknochen beschäftigt. Achten Sie aber darauf, dass Sie die Transportbox groß genug wählen, damit der Hund auch noch hineinpasst, wenn er ausgewachsen ist.

Können Sie nachts nicht einfach in den eigenen Garten gehen, legen Sie sich einen Jogginganzug oder Ähnliches bereit, sodass Sie schnell angezogen und bereit zum Hinausgehen sind. Denn wenn sich der Kleine meldet, ist es meistens sehr dringend. Eine Taschenlampe sollte auch immer bereitliegen, wenn die Wiese oder der Garten schwach beleuchtet ist. Will ein Welpe nachts lediglich spielen, gehen Sie nicht darauf ein: Nachts wird geschlafen und nicht gespielt!

Wenn Sie sich die ersten Wochen intensiv mit dem Welpen beschäftigen, ihn genau beobachten und oft genug nach draußen bringen, wird er sehr schnell die Stubenreinheit erlernen. Und sollte doch einmal ein kleines Malheur passieren, bestrafen Sie ihn auf keinen Fall – denn meistens ist nur unsere eigene Unaufmerksamkeit daran schuld. Gehen Sie stattdessen mit ihm noch einmal nach draußen und loben ihn besonders, wenn er dann sein Geschäft verrichtet. Besonders schlimm und auch völlig wirkungslos ist die menschliche Unsitte, den Welpen mit der Nase in seine Hinterlassenschaft zu stupsen. Dadurch wird er nur verunsichert, aber nicht schneller stubenrein.

Vor dem Schlafengehen sollte Sie der letzte Gang noch einmal mit dem Welpen nach draußen führen. Wenn er dann bis morgens durchschläft, ohne dass er hinausmuss, kann man beginnen, ihn daran zu gewöhnen, dass er auf seinem für ihn vorgesehenen Platz schläft.

Sobald der Welpe begriffen hat, dass er sich draußen zu lösen hat, und sobald er Blase und Darm besser kontrollieren kann, wird er sich melden, wenn er vor die Tür muss. Sie können jetzt die Intervalle zwischen den Gängen nach draußen allmählich vergrößern. Mit drei Monaten sollte der Welpe stubenrein sein, wobei es bei manchen Welpen durchaus auch etwas länger dauern kann.

Körperpflege

In der Regel sind beim Welpen noch nicht viele Maßnahmen zur Körperpflege notwendig. Es ist aber gut, wenn Sie ihn früh-

Die regelmäßige Fellpflege kann man schon spielerisch mit dem Welpen üben. (Foto: Steimer)

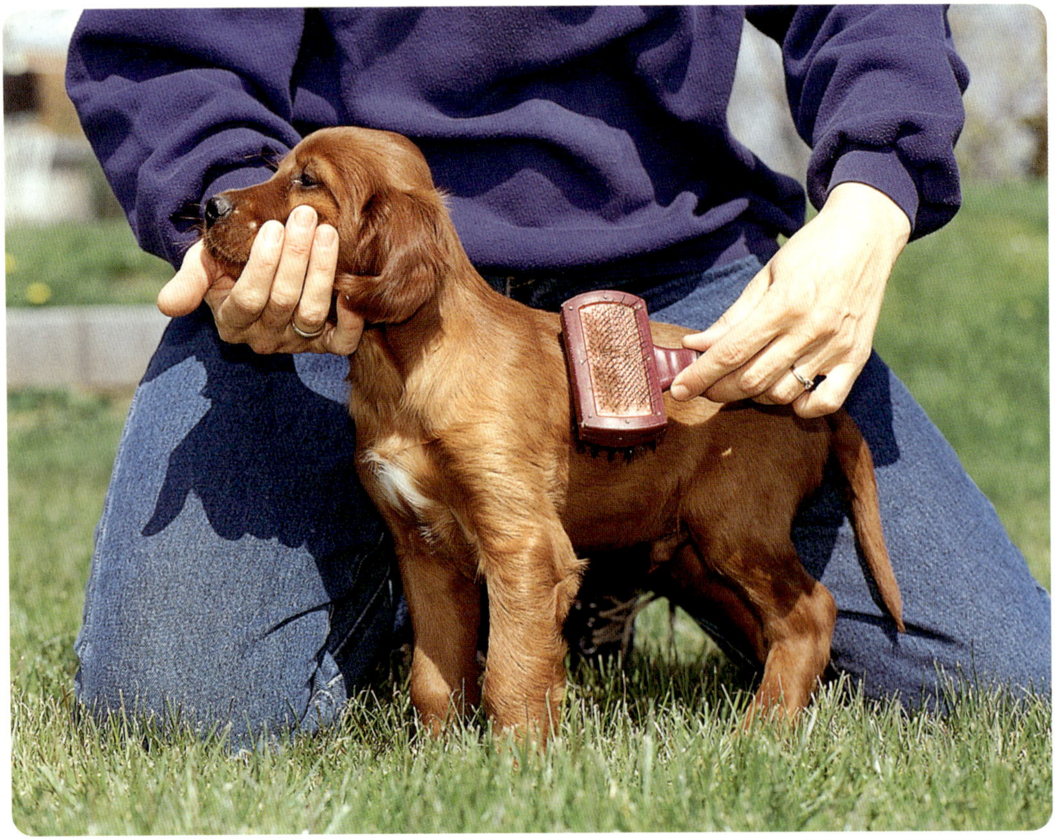

zeitig an alle erforderlichen Handgriffe gewöhnen, die er später über sich ergehen lassen muss. Besonders bei Rassen, die regelmäßig getrimmt oder geschoren werden müssen, sollten sich die Hunde so früh wie möglich an die Prozedur gewöhnen.

Was Sie mit Ihrem Welpen schon üben können:

- Tägliche Kontrolle und Säuberung von Gebiss, Augen und Ohren
- Fellpflege (Bürsten, Kämmen, Striegeln)
- Krallenschneiden (nur so tun, als ob)
- Säubern der Pfoten und des restlichen Fells (schon bei gutem Wetter üben)
- Abnehmen von Futter und Gegenständen aus dem Fang
- Untersuchen des Körpers auf Parasiten, Verletzungen und Ähnliches
- Rektales Temperaturmessen (Das Temperaturmessen sollte bei gesunden Welpen geübt werden. Liegt erst einmal eine Krankheit vor und man selbst ist nervös, gestaltet sich diese Prozedur mühsam.)
- Eingeben von Medikamenten

Falls Sie mit Ihrem Hund später Ausstellungen besuchen möchten, können Sie den Welpen auch schon ein bisschen an das Ringtraining gewöhnen. Dazu gehört nämlich nicht nur das taktreine Laufen an der Leine, sondern auch das richtige Hinstellen und Präsentieren. Außerdem muss der Hund auf Ausstellungen gestatten, dass der Richter das Gebiss und bei Rüden auch die Hoden kontrolliert. Auch das können Sie schon mit Ihrem Kleinen üben, dann wird es später problemlos klappen.

Zu Anfang füttern Sie Ihrem Welpen am besten das gleiche Futter, das er zuvor beim Züchter erhalten hat. (Foto: Widmann)

Ernährung

Bis zur dritten Lebenswoche ernähren sich die Welpen ausschließlich von Muttermilch. Ab dann sollte allmählich mit der Zufütterung begonnen werden. In Abwesenheit der Mutter wird den Welpen eine Schüssel mit speziellem Welpenfutter (als Fertigprodukt) angeboten. In den ersten Tagen sollte Trockenfutter noch in lauwarmem Wasser eingeweicht werden. Wenn die Welpen sich daran gewöhnt haben, kann man das Trockenfutter ohne vorheriges Einweichen anbieten.

Die Welpen sollen die Möglichkeit bekommen, sich satt zu fressen. Dabei muss man darauf achten, dass auch jeder Welpe genügend Futter bekommt, weil häufig die Kleineren oder Schwächeren von ihren Geschwistern zur Seite gedrängt werden. Das Futter sollte auf vier bis fünf Mahlzeiten täglich verteilt werden, wenn die Hündin durch Säugen ihre Kleinen nicht mehr satt bekommt.

Mit etwa fünf bis sechs Wochen sind die Welpen entwöhnt, sodass sie nach der Abholung mit acht Wochen problemlos mit Welpenfutter ernährt werden können. Am besten gibt man Trockenfutter, das genau gemäß der Fütterungsempfehlung des Herstellers nach dem Gewicht des Welpen berechnet abgewogen wird. Man kann es in lauwarmem Wasser einweichen oder trocken geben. Bei Trockenfütterung bedenken Sie, dass das Futter im Magen des Welpen aufquillt. Daher ist die abgewogene Menge mit Sicherheit ausreichend, auch wenn die Portion sehr klein aussieht. Sauberes Trinkwasser muss jederzeit bereitstehen.

Alternativ hat sich heute auch bei vielen Hundefreunden die Rohfütterung (BARF) durchgesetzt. Auf dem Speiseplan stehen dann Fleisch (außer Schweinefleisch!), Knochen, Innereien, Gemüse, Obst und Kräuter – alles in roher Form. Da aber für den Hund – und ganz besonders für den Welpen – die richtige Zusammensetzung bezüglich der Proteine, Kohlenhydrate, Rohfasern, Vitamine, Mineralstoffe und Spurenelemente für die Entwicklung sehr wichtig ist, sollten Sie sich rechtzeitig genauestens über den Energie- und Nährstoffbedarf Ihres Welpen informieren und darüber, wie Sie das Menü richtig zusammenstellen können. Hierfür sollten Sie unbedingt die entsprechende Fachliteratur hinzuziehen. Wurde Ihr Welpe beim Züchter nicht durch Rohfütterung ernährt, müssen Sie ihn auch erst allmählich daran gewöhnen.

Wichtig!

Rohes Schweinefleisch darf nie verfüttert werden, da es die Aujeszky-Krankheit hervorrufen kann, die immer tödlich endet.

Bis zum dritten Monat sollte der Welpe noch weiterhin vier bis fünf Mahlzeiten täglich erhalten. Dann kann man die Anzahl auf drei und ab sechs Monaten auf zwei reduzieren. Wenn der Hund etwa ein Jahr alt ist, reicht eine Hauptmahlzeit aus, wenn über

Nach dem Füttern sollte dem Welpen eine Ruhepause gegönnt werden. (Foto: Lehari)

den restlichen Tag verteilt noch Hundekekse oder andere Leckerbissen angeboten werden. Bei großen Hunderassen behält man die Fütterung in zwei Mahlzeiten besser weiterhin bei, damit der Magen nicht zu stark gefüllt ist, da große Hunde eher zu einer Magendrehung neigen.

Früher war man der Meinung, ein Welpe oder Junghund benötige für eine gesunde Entwicklung unbedingt zusätzliche Vitamin- und Mineralstoffpräparate oder sollte viel weiche Knochen oder Knorpel fressen, um damit den hohen Bedarf an Kalzium und Phosphor zu decken. Dies ist aber nicht der Fall, vorausgesetzt, es wird ein spezielles Welpenfutter gegeben. Eine zusätzliche Gabe von Vitamin- oder Mineralstoffpräparaten bietet den Tieren keinen Vorteil. Sie kann im Gegenteil sogar zu Schädigungen führen. Wenn beispielsweise zu viele Kalziumpräparate gefüttert werden, kann dadurch die Absorption von anderen wichtigen Substanzen wie Phosphor, Zink oder Kupfer negativ beeinflusst werden und es kommt zu indirekten Mangelerscheinungen. Bei der Rohfütterung müssen entsprechende Präparate ergänzt werden.

Besonders bei den großwüchsigen Rassen sollte der Junghund nicht zu stark gefüttert werden, da durch ein zu schnelles Wachstum nachweislich Skeletterkrankungen auftreten oder gefördert werden können, wie zum Beispiel Hüftgelenksdysplasie. Kleine Rassen sollten im Alter von einem halben Jahr etwa 75 bis 80 Prozent ihres Endgewichts erreicht haben. Große Rassen sollten in diesem Alter dagegen nicht mehr als 60 bis 65 Prozent des zu erwartenden Endgewichts auf die Waage bringen. Je größer der Hund später wird, umso knapper sollte er im ersten Jahr ernährt werden.

Wie viele Mahlzeiten braucht der Welpe?

- Mit sechs bis zwölf Wochen – vier Mahlzeiten
- Mit drei bis sechs Monaten – drei Mahlzeiten
- Ab dem siebten Lebensmonat – zwei Mahlzeiten

Viele Welpen haben in der Anfangszeit beim Fressen Startschwierigkeiten, da der Futterneid der Geschwister wegfällt. Lassen Sie sich dadurch nicht irritieren oder beeinflussen, indem Sie etwas anderes, vermeintlich Besseres anbieten. Frisst der Welpe schlecht, kommt die Mahlzeit in den Kühlschrank (bei trockenem Futter nicht nötig) und wird ihm bei der nächsten Fütterung erneut vorgesetzt. Das Futter darf aber nie kühlschrankkalt gegeben werden!

Während der Sozialisierung wird der Welpe an bestimmte Umweltreize, andere Tiere und Menschen gewöhnt. (Foto: Lehari)

Prägung und Sozialisierung

In der Hundeliteratur wird häufig von der Prägephase des Welpen gesprochen, wobei die Angaben für den Zeitraum dieser Phase variieren. Das rührt daher, dass mit Prägung bei Welpen im landläufigen Sinne eigentlich die Sozialisierungsphase bezeichnet wird. Denn Prägung im biologischen Sinn bezeichnet Lernvorgänge, bei denen die Lernfähigkeit auf eine meist kurze, sensible Phase beschränkt ist, die nur durch ein definiertes Auslösesignal stattfinden und bei denen eine relative Unwiderruflichkeit der Lernergebnisse besteht. Lässt man die Prägephase ungenutzt verstreichen, kommt es in der Regel zu Verhaltensstörungen. Das bekannteste Beispiel ist die Nachlaufprägung bei Gänseküken, wie Konrad Lorenz sie eindrucksvoll belegte.

Somit ist klar, dass es sich bei der sogenannten Prägung beim Welpen eigentlich um eine Art Sozialisierung handelt, wobei der Welpe an die verschiedensten Umweltreize, an Menschen und an andere Tiere gewöhnt wird. Die Lernvorgänge besitzen

Der Welpe lernt nie wieder so schnell und nachhaltig wie zwischen der vierten und der zwölften Lebenswoche. Daher sollte man diese Zeit sinnvoll nutzen. (Foto: Steimer)

nicht nur ein Auslösesignal, sondern eine Fülle unterschiedlicher Signale. Der Zeitraum, in dem der Welpe für diese Sozialisierung am empfänglichsten ist und in der er auch sehr schnell und nachhaltig lernt, erstreckt sich von der vierten bis zur zwölften Lebenswoche. Das bedeutet nicht, dass der Welpe danach nicht mehr weitere Erfahrungen verarbeiten und lernen kann, sondern nur, dass es ihm nie wieder so leicht fällt wie in dieser frühen Phase.

Ab der vierten Lebenswoche sind die Sinnesorgane des Welpen weitgehend voll ausgebildet und er wird mit einer immer größer werdenden Fülle von Umwelteindrücken konfrontiert. Die Lernprozesse laufen auch auf körperlicher Ebene im Nervensystem ab. Fehlen in dieser sensiblen Phase die Sinnesreize, bleibt die Bildung entsprechender Nervenverknüpfungen zurück und kann auch zeitlebens nicht mehr aufgeholt werden. Vielfältige Sinneseindrücke und Herausforderungen fördern somit die Gehirnentwicklung, und je leistungsfähiger das Gehirn ist, desto besser gerüstet ist der Hund im täglichen Leben.

Während der kurzen Zeit bis zur zwölften Lebenswoche sind Welpen aufgeweckt, neugierig und unbefangen. Angst oder Misstrauen vor Fremden kennen sie noch nicht. Sie nehmen alles hin, was ihnen widerfährt und gewöhnen sich daran, wobei keine extremen Eindrücke auf sie einströmen sollten, die sie zu sehr erschrecken oder ihnen gar Schmerzen bereiten. Mit zunehmendem Alter werden die Kleinen jedoch immer misstrauischer und zeigen auch mal Meideverhalten. Das ist völlig normal, weil zur Neugierde jetzt auch Angstgefühle hinzukommen. Mit ungefähr 13 Wochen überwiegt die Angst vor Fremden die Neugierde. Werden Welpen erst jetzt mit vielfältigen Umweltreizen konfrontiert, dauert das Lernen wesentlich länger. Natürlich kann der Hund weiterhin Erfahrungen sammeln und etwas dazulernen – sein Leben lang –, aber die Umweltsicherheit hat bereits gelitten.

Da die sensible Phase schon mit der vierten Lebenswoche beginnt, kommt dem Züchter eine sehr große Verantwortung zu. Bis zur Abgabe der Welpen liegt es weitgehend an ihm, ob die Welpen eine enge Bindung zum Menschen aufbauen und mit vielfältigen Umweltreizen zurechtkommen. Er muss nun dafür sorgen, dass die Welpen Kontakt zu verschiedenen Menschen (jungen und alten, Frauen und Männern) haben und möglichst positive Erfahrungen dabei machen. Sie sollten täglich gestreichelt und aus der Hand gefüttert werden. Auch trägt ein abwechslungsreicher „Abenteuerspielplatz" mit unterschiedlichem Spielzeug, Pappkartons oder Tunneln zum Reinkriechen, Klettermöglichkeiten aus Holz oder Stein und vielem mehr, der je nach Jahreszeit im Haus oder draußen aufgebaut wird, dazu bei, dass die Kleinen ihre Sinne schulen können und gleichzeitig auch ihre körperlichen Fähigkeiten verbessern.

Mit Abholung des Welpen übernimmt dann der neue Besitzer die verantwortungsvolle Aufgabe, den Kleinen weiterhin gut zu sozialisieren. Sie können als frischgeba-

Bis zur zwölften Lebenswoche ist der Welpe neugierig und unbefangen, daher ist für ihn das Durchlaufen eines Stofftunnels überhaupt kein Problem. (Foto: Widmann)

ckener Welpenbesitzer erheblich dazu beitragen, dass diese sensible Sozialisierungsphase optimal genutzt wird und Sie dadurch einen wesensfesten Hund erhalten, der Sie selbstbewusst in jeder Situation begleiten wird. Gewöhnen Sie ihn behutsam an die verschiedensten Umweltreize und Situationen. Gehen Sie zum Beispiel zunächst an einer ruhigen Straße mit dem Welpen – natürlich angeleint – spazieren, wo Sie anderen Menschen und gelegentlich einem Auto, Moped oder Fahrrad begegnen. Suchen Sie dann eine etwas belebtere Straße auf und nehmen den Welpen auch mal mit in die Stadt. Nach ein paar Wochen wird der Welpe auch auf einem Bahnhof, Flughafen oder Jahrmarkt gelassen neben Ihnen hertrotten. Auf diese Weise können Sie ihn mit allmählicher Steigerung an die unterschiedlichsten Situationen gewöhnen. Vergessen Sie auch nicht, ihm beizeiten die verschiedensten Tiere zu zeigen wie Kühe, Pferde, Schafe, Ziegen, Kleintiere und Geflügel, damit er gleich lernt, dass er vor ihnen keine Angst zu haben braucht und dass sie auch nicht gejagt werden dürfen.

Nur im Umgang mit Artgenossen lernt der Welpe die verschiedenen Signale richtig zu deuten. (Foto: Steimer)

Kommt der Welpe in eine Situation, in der er unsicher ist, nehmen Sie ihm nicht gleich alle Probleme ab. Er muss auch mal allein mit einer ungewohnten Situation fertig werden und ein Problem selbstständig lösen. Gestatten Sie ihm auszuprobieren, welches Verhalten in welcher Situation angebracht ist: Erkunden, Beschnüffeln, Weglaufen, Erstarren, Unterwerfen oder Drohen. Wenn er die Erfahrung macht, wie mit bestimmten Situationen umzugehen ist, wird er selbstbewusster und dadurch gelassener und kann auch dieses Verhalten bei anderen Artgenossen besser interpretieren, was zum Beispiel gerade bei Droh- oder Aggressionsverhalten sehr wichtig ist. Ein Welpe, der nie gelernt hat, was Drohen bedeutet, und immer in Watte gepackt wurde, wird später, wenn er dem Welpenalter entwachsen ist, wichtige Drohgebärden von Artgenossen vielleicht nicht verstehen oder falsch interpretieren und kann sich dadurch viel Ärger einhandeln.

Wenn Sie mit Ihrem Welpen in der sensiblen Sozialisierungsphase unterwegs sind, verhalten Sie sich relativ unbeteiligt. Machen Sie kein Aufhebens von Alltagssituationen, vor denen der Kleine vielleicht erschrickt. Der

Welpe wird sich an Ihnen orientieren, und wenn Sie signalisieren, dass alles in Ordnung ist, wird er sich schnell beruhigen und auch keine Angst mehr zeigen. Bemitleiden Sie ihn auf keinen Fall oder nehmen ihn gar auf den Arm und trösten ihn. Das würde seine Angst oder Unsicherheit nur noch mehr bestärken. Seien Sie der souveräne Rudelchef, der dem Welpen Sicherheit gibt und zu dem er Vertrauen hat.

Welpengruppe

Darüber, ab wann ein Welpe in eine Welpengruppe besuchen sollte, gehen die Meinungen auseinander. Manche meinen, der Welpe soll einen kompletten Impfschutz besitzen, der erst mit zwölf Wochen vorhanden ist. Dann ist allerdings die sensible Phase schon vorüber, in welcher der Welpe nachhaltig lernt und am besten mit vielfäl-

Der Besuch einer Welpengruppe ist wichtig für die Sozialisierung. (Foto: Widmann)

tigen Umweltreizen umgehen kann. Ich befürworte eher den möglichst frühen Besuch einer Welpengruppe, da die Gefahr einer Infektion beim täglichen Spaziergang oder gar beim Tierarztbesuch weit höher ist als in einer Gruppe mit gesunden Welpen, die schon ihre erste Impfung erhalten haben.

Welpengruppen sind organisierte Treffen von Welpen mit ähnlichem Alter unter der Aufsicht eines kompetenten Trainers oder Gruppenleiters. Sie sollen die Entwicklung Ihres Hundes positiv beeinflussen und Ihnen als Hundebesitzer Sicherheit im Umgang mit dem Welpen vermitteln. Außerdem haben Sie dort Gelegenheit, sich mit Gleichgesinnten zu unterhalten, gezielt Fragen rund um die Welpenaufzucht zu stellen und von Fachleuten fundierte Auskünfte zu bekommen. Nicht nur Ihr Welpe muss lernen, sondern auch Sie!

Das Mindestalter der Hunde in einer Welpenspielgruppe beträgt acht Wochen. Bis etwa zur 16. Lebenswoche können die Welpen daran teilnehmen. Welpenspielgruppen sollten ein- bis höchstens zweimal pro Woche stattfinden und etwa eine Stunde dauern. Wenn Sie Ihren Welpen frisch ins Haus geholt haben, gehen Sie bitte nicht gleich einen Tag später zu einer Welpenspielgruppe. Geben Sie ihm einige Tage zur Eingewöhnung. Bauen Sie langsam eine enge Bindung zu Ihrem Hund auf und lassen Sie Ihrem neuen Familienmitglied erst einmal etwas Zeit, sich auch an sein neues Heim zu gewöhnen.

Welpenspielgruppen erleichtern dem Welpen die Umgewöhnung, die er durch die Trennung von seiner Mutter und seinen Wurfgeschwistern durchleben muss, um sich in seiner neuen Welt mit Menschen und Artgenossen jeden Alters und jeden Geschlechts zurechtzufinden. Auch für die neuen Hundebesitzer ist die Welpenzeit eine sehr große Herausforderung und wichtige Phase, in der sie viel Verantwortung übernehmen.

Im Vordergrund der Welpenspielgruppen steht das spielerische Lernen der Hunde, nicht nur untereinander, sondern auch mit anderen Menschen. In dieser Phase hat auch der neue Besitzer den größten Informationsbedarf, da er zwar einerseits sehr bemüht ist, seinen Welpen auf den richtigen Weg zu bringen, andererseits durch Unkenntnis noch sehr unsicher im Umgang mit seinem und mit anderen Vierbeinern ist. Bei solchen Treffen lernt der Mensch die Körpersprache des Hundes kennen und erfährt von fachkundigen Kursleitern etwas über Verhaltensweisen und Sozialleben der Hunde. Er kann die Gesten für Spielaufforderung , Angriffslust, Dominanz , Unterordnung, Sicherheit, Unsicherheit, Unerschrockenheit und Beutetrieb direkt vor Ort beobachten.

Achten Sie darauf, dass der Trainer die Welpen nicht mit Reizen überflutet oder gar extreme Übungs- oder „Dressur"-Einheiten verlangt. Solch eine Überforderung der Hund insbesondere in dieser sensiblen Phase, in der ein Hund am schnellsten und am meisten lernt, kann zu schlimmen, kaum wiedergutzumachenden Folgen führen. In diesem Fall bleiben Sie besser einer solchen Veranstaltung fern, machen sich auf die Suche nach einer anderen Gruppe, die eher Ihre Erwartungen erfüllt, oder treffen sich regelmäßig mit anderen Hundebesitzern beim Spaziergang.

Zu einem harmonischen Welpentreffen gehört auch, dass der Übungsleiter nicht nur gut mit den Hunden umgeht, sondern sich auch auf die menschlichen Teilnehmer einstellen kann. Schnell merkt man bei gezielten Fragen, ob es sich um eine kompetente, freundliche und geduldige Person handelt oder eher um jemanden, der sich profilieren möchte, nicht über das nötige Wissen verfügt und (ganz schlimm!) nur den finanziellen Nutzen im Vordergrund sieht. Im Gegenteil, ein guter Übungsleiter sollte Ihnen sogar so viel vermitteln, dass Sie guten Gewissens und voller Zuversicht in die Zukunft mit Ihrem Hund schauen. Er sollte auf für Sie und Ihren Hund geeignete weiterführende Beschäftigungs- oder Ausbildungsmöglichkeiten hinweisen. Und vielleicht weckt er auch Ihr Interesse an hundesportlichen Betätigungen.

Bevor es mit der Welpengruppe losgeht, ist auch auf einige Formalitäten zu achten. Der Übungsleiter sollte die Impfpässe jedes anwesenden Welpen gewissenhaft überprüfen und nachfragen, ob die Hunde ordnungsgemäß entwurmt sind. Denn es ist nicht auszudenken, was passiert, wenn ein ungeimpfter oder unzureichend geimpfter

Wird der Welpe schon an verschiedene Hindernisse gewöhnt, sollte immer eine zweite Person darauf achten, dass der Kleine nicht hinunterfällt. (Foto: Lehari)

Hund die anderen ansteckt! Eine Hundehaftpflichtversicherung sollte auch abgeschlossen sein, da nicht nur der Welpe, zum Beispiel beim Toben, verletzt werden könnte, sondern auch menschliche Teilnehmer, wenn sie über die spielenden Hunde stolpern oder vielleicht sogar umgerannt werden.

Die Größe einer Welpengruppe sollte die Anzahl von acht Welpen nicht überschreiten, da man sonst den einzelnen Hunden nicht gerecht werden kann.

Optimal ist es, wenn Sie einmal zu solch einem Welpenspieltag gehen, bevor Sie sich überhaupt einen Welpen anschaffen. Wenn man erst einmal einen Welpen im Haus hat, hat man in der Regel alle Hände voll zu tun, und es bleibt kaum noch Zeit – die für frischgebackene Welpenbesitzer bis zur 16. Lebenswoche des Hundes wie im Flug vergeht –, um sich gewissenhaft zu informieren.

Zu einem charakterfesten Hund gehört nicht nur die liebevolle Aufzucht und Haltung, sondern er muss auch die Gelegenheit haben, sich sozialisieren zu können. Im Vordergrund des Welpentreffens stehen das spielerische Lernen der Hunde und die Festigung des Sozialverhaltens. Spielerisch lernen die Hunde „Gewinnen" und „Verlieren" sowie Beißhemmung den Artgenossen und den Menschen gegenüber. Die Hunde werden an akustische und optische Reize herangeführt und lernen verschiedene Untergründe und Geräte kennen.

Auf den meisten Hundeplätzen, wo Welpenspieltage angeboten werden, sind auch Agilitygeräte vorhanden wie Tunnel oder Wippe, an welche die Welpen schon vorsichtig herangeführt werden. Achten Sie aber bitte darauf, dass die Welpen nur unter Aufsicht und Kontrolle über oder durch diese Geräte laufen, besonders wenn die Geräte erhöht sind. Denn wenn der Welpe in seiner Begeisterung und Tollpatschigkeit von solch einem Gerät hinunterfällt, kann er sich ernsthaft verletzen und vielleicht auch zukünftig immer Angst vor dem Gerät haben. Führen Sie ihn nur angeleint zum Beispiel über Laufdiel und Wippe, wobei am besten noch auf der anderen Seite eine zweite Person darauf achtet, dass der Welpe nicht hinunterpurzelt. Sprünge jeglicher Art sind für den Kleinen noch tabu, auch wenn er noch so begeistert ist. Frühestens im Alter von 12 bis 18 Monaten (je größer die Rasse, desto später) darf der Hund mit dem Springtraining beginnen.

An dieser Stelle sei angemerkt, dass den Welpen für die gemeinsamen Spielstunden die Halsbänder abgenommen werden sollten, da sonst Verletzungsgefahr besteht. Auch später, wenn die Hunde herangewachsen sind, sollten sie möglichst immer ohne Halsband mit Artgenossen toben können, da es doch gelegentlich vorkommt, dass sie mit Zähnen oder Pfoten im Halsband des Spielgefährten hängen bleiben und sich so verletzen können.

In der Welpengruppe wird nicht nur gespielt, sondern es werden auch behutsam die ersten kleinen Übungen durchgeführt.

Dazu gehören das An-der-Leine-gehen ohne zu ziehen (noch kein perfektes Bei-Fuß-laufen), die Übungen „Sitz" und „Platz", das Heranrufen Ihres Hundes und das kontrollierte Spiel mit dem Welpen und einem Spielzeug. Auch Übungen, bei denen der Welpe aufmerksam gemacht wird und er sich auf Sie konzentrieren soll, gehören dazu. Bei allem sollten Sie bedenken, dass sich der kleine Vierbeiner noch nicht lange konzentrieren kann und alle Übungen nur sehr kurz sein und mit Erfolg abgeschlossen werden sollen.

Zum Welpenkurs gehört es auch, dass man zwischendurch andere Orte aufsucht, damit sich der Welpe an verschiedene Situationen und Gegebenheiten besser gewöhnt. Ein abwechslungsreicher Waldspaziergang ist für jeden Welpen sehr spannend. Hier kann er alle seine Sinne einsetzen. Der Besuch eines Bauernhofes ist sinnvoll, damit sich der Welpe an andere Tiere gewöhnt. Auch ein Stadtbesuch mit einem Gang durch die Fußgängerzone, durch den Bahnhof oder durch ein Kaufhaus sowie das Fahren mit Fahrstühlen und das Steigen über große, offene Treppen sollten mit den Welpen unternommen werden. So gewöhnt er sich an viele Menschen, laute Geräusche und andere Umweltreize.

Wer Lust hat, kann anschließend einen Junghundkurs besuchen, bei dem dann das Spielen in den Hintergrund rückt und schon Erziehungsübungen mit den Kleinen durchgeführt werden. Für viele ist das der Grundstock für die Begleithundausbildung.

Spaziergang

Der Spaziergang mit einem Welpen sollte anfangs nicht länger als zehn Minuten dauern. Erst mit zunehmendem Alter werden Länge und Dauer des Spaziergangs allmählich gesteigert. Bei einem Spaziergang steht im Vordergrund, dass der Welpe seine Umgebung erkundet, verschiedene Gelände kennenlernt und akustischen und optischen Reizen ausgesetzt ist.

Meistens begegnet man bei den täglichen Spaziergängen anderen Hundebesitzern. Geht man immer in derselben Gegend spazieren, kennt man bald die anderen Hunde und weiß, mit wem man den Welpen bedenkenlos spielen lassen kann. Das Spiel mit Alters- und Artgenossen ist äußerst wichtig für die Entwicklung des Sozialverhaltens und der körperlichen Geschicklichkeit jedes Welpen.

Kommt Ihnen ein Hundebesitzer mit einem angeleinten Hund entgegen, leinen Sie Ihren Welpen auch an und fragen Sie erst, ob die Hunde miteinander spielen dürfen, oder gehen Sie vorbei, wobei Sie die Aufmerksamkeit Ihres Welpen mit einem Spielzeug oder einem Leckerli auf sich ziehen. Kommt Ihnen dagegen ein frei laufender Hund entgegen, können Sie Ihren Welpen auch springen und mit dem Artgenossen spielen lassen, wenn er möchte. An der Leine wird aber grundsätzlich nicht getobt.

Gestalten Sie die täglichen Spaziergänge interessant durch spannende Spiele wie über

Das Toben mit Artgenossen macht den Spaziergang zu einem tollen Erlebnis. (Foto: Lehari)

Baumstämme klettern oder springen, Apportieren, irgendwo Durchkriechen, Verstecken und vieles mehr. Diese gemeinsamen Erlebnisse fördern die Bindung zwischen Mensch und Hund und die Entwicklung des Welpen.

Seien Sie weitsichtiger als Ihr Welpe und rufen Sie ihn rechtzeitig zu sich, um ihn anzuleinen, falls Gefahr droht. So kann er in Ruhe Autos, Fahrradfahrer, Mopeds oder Jogger beobachten und wird mit der Zeit lernen, davor keine Angst zu haben beziehungsweise ihnen nicht hinterherzujagen.

Überfluten Sie Ihren Welpen aber nicht gleich mit Reizen, sondern gewöhnen Sie ihn Stück für Stück an neue Situationen, zunächst in der Natur, dann in ruhigen Gebieten an Straßen, später in Fußgängerzonen, Bahnhöfen, Flughäfen und so weiter. Besonders wenn man in Stadtgebieten sowie öffentlichen Plätzen und Gebäuden unterwegs ist, darf man auf keinen Fall eine Tüte für eventuelle Hinterlassenschaften des Welpen vergessen, denn ein kleines Malheur ist schnell passiert.

Das Märchen vom Welpenschutz

Häufig wird behauptet, ein Welpe habe uneingeschränkten Welpenschutz, das heißt, er dürfe sich gegenüber älteren Artgenossen alles herausnehmen, ohne dass ihm etwas geschieht. Dies ist nur in beschränktem Maße richtig. Im Wolfsrudel gibt es tatsächlich einen Welpenschutz, vor allem deshalb, weil fast alle Rudelmitglieder untereinander verwandt sind, und für viele Tierarten gilt, dass man blutsverwandten Artgenossen nichts tut oder sie sogar beschützt, um die eigenen Gene zu bewahren. Wenn sich allerdings die heranwachsenden Welpen zu viel gegenüber den erwachsenen Rudelmitgliedern herausnehmen, sind diese bei ihren Erziehungsmaßnahmen auch nicht immer zimperlich.

Bei fremden, nicht verwandten Artgenossen kann es sich da schon ganz anders verhalten und man darf nicht immer mit dem Welpenschutz rechnen, vor allem wenn der Hund schon älter als 14 oder 16 Wochen ist. Trifft nun also ein Welpe auf einen fremden, erwachsenen Hund und benimmt sich ihm gegenüber zu flegelhaft, kann dieser durchaus den Kleinen mit einem drohenden Knurren oder Schnappen zur Ordnung rufen. Das ist völlig normal und der erwachsene Hund ist keineswegs verhaltensgestört, wie dann oft von den empörten Welpenbesitzern behauptet wird. Bemitleiden Sie Ihren Welpen in diesem Moment auf keinen Fall. Der Welpe lernt so die Signale seiner Artgenossen zu deuten und sich gemäß des Sozialgefüges angemessen zu verhalten.

Wenn sich Welpen gegenüber einem erwachsenen Hund zu viel herausnehmen, werden sie auch schon mal zur Ordnung gerufen. (Foto: Lehari)

Hunde kommunizieren in erster Linie nonverbal, Menschen verbal. Daher ist es besonders wichtig, sich mit der Körpersprache des Hundes auszukennen. (Foto: Lehari)

Alltag mit dem Welpen

Artgerechtes Spielen und der richtige Umgang mit dem Welpen fördern eine gute Bindung zwischen Mensch und Hund, wobei es wichtig ist, dass der kleine Vierbeiner ein möglichst grenzenloses Vertrauen zu seinen menschlichen Rudelmitgliedern gewinnt.

Voraussetzung für ein harmonisches Miteinander zwischen Mensch und Hund ist das gegenseitige Verstehen. Durch das enge Zusammenleben mit uns Menschen lernen Hunde sehr schnell, unsere Sprache – sowohl die Körpersprache als auch die Lautsprache – richtig zu deuten. Unsere Körperhaltung und Mimik verrät sehr viel über unsere Stimmung, wobei ein Hund wie kein anderes Tier darauf einzugehen versteht und entsprechend reagiert. Aber auch wir sollten uns die Mühe machen, die Sprache unseres Vierbeiners zu verstehen, damit wir umgekehrt seine Bedürfnisse erkennen und seine Stimmungen verstehen.

Kommunikation

Für den Hund als soziales Rudeltier ist Kommunikation sehr wichtig. Die wilden Verwandten können bei der Jagd nur erfolgreich sein, wenn das Rudel als Team zusammenarbeitet. Auch das Zusammenleben in der Gruppe funktioniert nur dann reibungslos, wenn sich die Tiere untereinander verständigen können.

So reichen zum Beispiel oft kleine Gesten oder Drohgebärden aus, um die Hierarchie im Rudel zu klären, und ersparen dadurch ständige Rangordnungskämpfe, die wertvolle Energie kosten würden und auch mit Verletzungen einhergehen können. Hierdurch würde nicht nur der Einzelne geschädigt, sondern das gesamte Rudel geschwächt werden.

Daher besitzen Hunde ein umfangreiches Repertoire an Signalen sowohl im Bereich der Körpersprache als auch bei der Lautäußerung. Allerdings beherrschen sie diese

Die Unterwerfung gegenüber Ranghöheren beherrschen schon die Kleinsten. (Foto: Widmann)

Signale nicht von Geburt an. Viele Verhaltensweisen sind zwar angeboren und gewissermaßen instinktgesteuert, entwickeln sich aber erst im Lauf der Zeit, während der Welpe heranwächst. Mit zunehmender körperlicher Entwicklung kann der Welpe zwar verschiedene Laute von sich geben und ist zu unterschiedlicher Mimik und Körpersprache befähigt, aber erst durch den Umgang mit Artgenossen während der Sozialisierungsphase lernt er, was diese Signale im Umgang mit anderen Hunden bedeuten und wie sie richtig eingesetzt werden. Das Rüstzeug für die Kommunikation ist ihm also sozusagen mitgegeben, er muss nur lernen, das Richtige daraus zu machen.

Daher werden Welpen, die nie die Möglichkeit hatten, ungezwungen mit Artgenossen Kontakt aufzunehmen und das hundliche Verhalten zu erlernen, später als erwachsene Hunde immer Schwierigkeiten haben, wenn sie Artgenossen begegnen. Dazu gehört auch, dass sie mal von einem älteren oder ranghöheren Hund in ihre Schranken gewiesen werden, wenn sie allzu dreist sind. Nur so können sie lernen, was Drohen bedeutet und wie man durch entsprechende Beschwichtigungs- oder Unterwerfungssignale den Frieden wiederherstellt.

Dem erwachsenen Hund steht ein großes Repertoire an Signalen zur Verfügung, die er für die Kommunikation mit Artgenossen und mit uns einsetzen kann. Die Möglichkeiten beim Welpen sind da zunächst begrenzt, aber mit jedem Tag und jeder Begegnung mit Artgenossen lernt er dazu und erweitert seinen „Sprachschatz". Viele Signale, besonders der Körpersprache, werden erst erlernt und eingesetzt, wenn der Hund geschlechtsreif wird und somit auch beginnt, ein Revierverhalten und ein gewisses Imponiergehabe zu entwickeln. Manche Signale, wie zum Beispiel zur Beschwichtigung oder Unterwerfung, beherrscht der Welpe schon recht früh, um sich so vor Übergriffen durch andere Hunde zu schützen. Im Folgenden sind die wichtigsten „Vokabeln" der Hundesprache aufgeführt, die schon beim Welpen und Junghund zu beobachten sind.

Die Signale des Menschen – wichtig für die Entwicklung

Als typisches sozial lebendes Tier ist es für Hunde sehr wichtig, alle Arten von Signalen untereinander zu studieren, um so das Gegenüber – ob Freund oder Feind, ob Rüde oder Hündin – besser einschätzen zu können. Aber nicht nur bei Artgenossen, sondern auch bei Menschen versucht der Hund ständig die Körpersprache abzulesen. Wie wir uns bewegen, welche Körperhaltung wir einnehmen und wie unsere Mimik aussieht, das alles ist für den Hund sehr informativ.

Sehr oft wundern wir uns, dass der Hund manchmal anders als sonst auf uns reagiert. Dann ist der Grund dafür meistens die Tatsache, dass er schon mehr über unsere

Gefühle oder unsere Absicht weiß als wir selbst. Denken wir dann darüber nach, werden wir feststellen, dass wir uns nicht gut fühlen, traurig oder ärgerlich sind und dies offensichtlich auch zum Ausdruck gebracht haben. Und der Hund, der von allen Tieren am besten auf die Signale des Menschen reagieren kann und sie versteht, hat sich sofort darauf eingestellt.

Seinen Menschen richtig zu deuten, lernt der kleine Welpe, wie vieles andere auch, sozusagen von Kindesbeinen an. Je länger ein Hund dann mit seinem Menschen zusammenlebt, umso besser wird er seinen zweibeinigen Rudelführer verstehen und schon an den kleinsten Signalen ablesen, was er meint und wie er sich fühlt. Daher ist es nicht nur wichtig, dass Sie Ihren Hund richtig deuten können, sondern Sie sollten auch genau wissen, wie Ihr kleiner Vierbeiner auf Ihre Körpersprache reagiert. Denn die richtigen Signale des Menschen unterstützen von Anfang an die Erziehung und das harmonische Miteinander.

Bereits Welpen prägen sich genau ein, wie wir Menschen uns bewegen und welche körpersprachlichen Signale wir aussenden. (Foto: Lehari)

Die verschiedenen Sichtzeichen, die bei der Grunderziehung in Verbindung mit den Hörzeichen angewendet werden und auch zur Körpersprache gehören, sind im Kapitel „Welpenerziehung – Die ersten Lektionen" genauer erklärt. In diesem Zusammenhang möchte ich aber kurz auf einige der Signale eingehen, die wir ständig aussenden und damit unseren Welpen beeinflussen können – nicht nur positiv, sondern leider auch negativ, wenn die falschen Signale gesendet werden.

Zunächst einmal sei die persönliche Stimmung erwähnt. Kein Mensch ist jeden Tag gleich gut gelaunt. Hat man sich geärgert oder eine schlechte Nachricht erhalten, ist das bei den meisten Menschen an Mimik und Stimme zu erkennen. Auch der kleine Vierbeiner merkt sofort, dass irgendetwas nicht stimmt. Je nach Charakter wird er sich dann entweder aus Ängstlichkeit zurückziehen oder – wenn er etwas selbstbewusster ist – versuchen, unsere Stimmung durch verschiedene Beschwichtigungssignale aufzuhellen. Sehen Sie dann Ihren Hund sozusagen als Zeichen für Ihre eigene Stimmung an und gehen Sie darauf ein. Lassen Sie Ihre schlechte Laune auf keinen Fall an Ihrem Vierbeiner aus, sondern belohnen Sie ihn eher mit einer Streicheleinheit oder einem Spiel. Sie werden sehen, auch Ihnen geht es hinterher gleich besser.

Besonders wichtig ist es, dass Sie nicht mit schlechter Laune oder wenn Sie eigentlich gar keine Zeit und/oder Lust haben Erziehungsübungen mit Ihrem Welpen durchführen, nur weil Sie meinen, es stehe jetzt auf der Tagesordnung. Wenn Sie ungeduldig sind, Ihre Stimme zu sehr erheben oder Ihren Kleinen nicht ehrlich loben können, wirkt sich das zwangsläufig auf das Lernverhalten des Welpen aus. Hat er nun eine Übung richtig durchgeführt, muss er etwas Positives damit verknüpfen. Bleibt die positive Verstärkung aus, kann sich kein richtiger Lernerfolg einstellen. Daher sollten Sie auf eine Übungseinheit verzichten, wenn Sie nicht in der entsprechenden Stimmung sind. Verschieben Sie sie lieber auf später und gehen stattdessen nur ruhig mit dem Welpen spazieren oder lassen ihn spielen, ohne ihm besondere Leistungen abzuverlangen.

Durch die falsche Körpersprache kann sich ein Welpe auch bedroht fühlen. Viele Menschen machen unwissentlich den Fehler, dass sie sich zu einem Hund von oben herab hinunterbeugen, um ihn dann auf den Kopf zu tätscheln. In der Hundesprache sind das gleich zwei Signale, die eine Art Bedrohung ausdrücken: das Nähern von oben und das Streichen über den Kopf. Daher ist es völlig klar, dass sich besonders ein Welpe, der noch nicht so viel Erfahrung mit Menschen gemacht hat, solchen Einflüssen entziehen möchte. Auch viele erwachsene Hunde gestatten dieses menschliche Verhalten nur, weil sie gelernt haben, dass hierbei nicht viel passiert, und lassen es über sich ergehen. Aber wirklich wohl fühlen sich dabei die wenigsten Hunde.

Viel besser ist es dagegen, wenn Sie sich immer zu Ihrem Welpen nach unten begeben, sich also vor ihn hinhocken und ihn vorsichtig im Hals- und Ohrenbereich kraulen. Sofort wird sich der Welpe Ihnen nähern und diese Streicheleinheiten genießen. Dadurch werden auch die Bindung und das Vertrauensverhältnis gestärkt.

Was die Ausstrahlung und Körpersprache betrifft, sollten Sie auch für Ihren Welpen ein Vorbild sein. Für einen Welpen gibt es anfangs viele Situationen und zahlreiche optische oder akustische Reize, die er nicht kennt und die ihn daher vielleicht verunsichern oder gar erschrecken. In diesem Fall sollten Sie Ihren Welpen nicht auf den Arm nehmen, trösten und vor diesem „Ungeheuer" fernhalten. Seien Sie lieber ein guter Rudelführer. Gehen Sie ruhig und gelassen mit der Situation um und lenken Sie – falls nötig – die Aufmerksamkeit des Welpen auf sich, damit er sich Ihnen anschließt. Lassen Sie ihn in Ruhe alles beobachten und geben Sie ihm Zeit, das Unbekannte näher zu untersuchen, falls er es möchte. Wenn nicht, laufen Sie ohne hektisch zu werden in aller Ruhe weiter, als wäre nichts geschehen. Ihr Welpe wird Sie vermutlich bewundernd anschauen und gleichzeitig die Erfahrung abspeichern, dass diese für ihn anfangs so erschreckende Situation gar nicht so schlimm ist. Hat er die Sache gut gemeistert, loben Sie ihn – aber nicht zu überschwänglich – und setzen Ihren Spaziergang fort. Beim nächsten Mal wird er mit einer ähnlichen Situation schon viel gelassener umgehen und sich so zu einem souveränen, zuverlässigen Begleiter entwickeln.

Das Anstupsen in der Schnauzengegend ist ein ritualisiertes Mundwinkellecken und dient der Beschwichtigung. (Foto: Lehari)

Lautsprache

- **Mucken** – Mucklaute kommen bei Welpen nur in den ersten drei Lebenswochen vor und sind ein Anzeichen für leichtes Unbehagen.

- **Murren** – Diese Laute kommen auch nur bei Welpen vor und signalisieren schon größeres Unbehagen. Aus ihnen entwickelt sich später das Knurren.

- **Winseln, Jaulen oder Fiepen** – Dies sind Lautäußerungen von Unbehagen, Verunsicherung und manchmal auch Ungeduld, die sowohl bei Welpen als auch erwachsenen Hunden vorkommen. Die aktive Unterwerfung kann auch von Winseln begleitet werden.

- **Schreien** – Hunde können schreien, wenn sie starke Schmerzen haben oder sich sehr erschrecken.

- **Knurren** – Das Knurren entwickelt sich aus dem Murren und ist häufig im Spiel mit Mensch oder Artgenosse zu hören. Ein Knurren, das von Aggression oder großer Unsicherheit zeugt, ist beim Welpen in der Regel noch nicht zu hören, sondern wird erst mit zunehmendem Alter in entsprechenden Situationen eingesetzt.

- **Bellen** – Welpen müssen das Bellen erst lernen. Wann es zum ersten Mal auftritt, kann ganz verschieden sein. Bellen hat unterschiedliche Funktionen und hört sich je nach Situation unterschiedlich an: Alarmierung, Warnung, Begrüßung, Spielaufforderung oder Ungeduld.

- **Heulen** – Heulen ist die ursprünglichste Lautäußerung und wird bei Hunden oft nur gezeigt, wenn sie allein gelassen werden und sich einsam fühlen.

- **Seufzen** – Dieser Laut ist ein Zeichen des Wohlfühlens und ist bei totaler Entspannung meist kurz vor dem Einschlafen zu hören.

Mimik und Körpersprache

- **Mundwinkellecken** – Welpen stupsen und lecken ihre Mutter in der Schnauzengegend, um sie dazu zu animieren, Futterbrocken nach erfolgter Jagd hervorzuwürgen. Dieses Verhalten wurde ritualisiert und dient als Unterwerfungsgeste.

- **Hochspringen** – Welpen und auch viele erwachsene Hunde springen zur Begrüßung gern an uns hoch. Sie wollen dadurch einfach in die Nähe unseres Gesichts gelangen, um das Mundwinkellecken als ritualisiertes Futterbetteln ausführen zu können.

- **Pfötchengeben** – Dies ist eine Beschwichtigungsgeste, die ein rangniederer Hund einem dominanten Artgenossen gegenüber zeigt. Dem Menschen gegenüber wird es als Aufforderung zum Spiel oder als Bettelbewegung gezeigt.

- **Tiefstellung** – Die Tiefstellung des Vorderkörpers bei hochgestrecktem Hinterteil ist schon bei jungen Welpen zu beobachten und gilt als Spielaufforderung.

- **Gähnen** – Gähnen ist fast immer eine sogenannte Übersprunghandlung als Zeichen für Unsicherheit oder als Beschwichtigung.

- **Auf-den-Rücken-Legen** – Dies ist die deutlichste Form der Unterwerfung. Besonders Welpen beschwichtigen damit Artgenossen und uns Menschen, wobei auch häufig Harn abgesetzt wird. Schimpfen Sie deswegen nicht, denn dann wird es nur schlimmer. Mit zunehmendem Alter und Selbstbewusstsein hört das Unterwerfungspinkeln von allein auf.

- **Ohrenanlegen** – Auch das Anlegen der Ohren, oft verbunden mit einem Zurückziehen der Mundwinkel, ist eine Unterwerfungsgeste, die auch beim erwachsenen Hund erhalten bleibt. Der Hund versucht sich dadurch kleiner zu machen, um zu demonstrieren, wie harmlos er ist.

Kontaktliegen

Der körperliche Kontakt ist für einen Hund und vor allem für einen Welpen sehr wichtig. Beobachtet man ein Wolfs- oder Hunderudel, wird man feststellen, dass besonders zu den Ruhezeiten die Tiere untereinander engen Körperkontakt suchen. Das kann sogar so weit gehen, dass sich dabei ein Tier regelrecht zwischen die anderen quetscht und sie dann fast übereinanderliegen und in dieser Position schlafen.

Diesen engen Körperkontakt dürfen Sie Ihrem Welpen auf keinen Fall verwehren. Die beste Zeit dafür ist der Abend, wenn der Kleine satt, müde und zufrieden zur Ruhe findet. Nehmen Sie ihn auf den Schoß oder lassen Sie ihn neben sich oder auf Ihrem Bauch liegen und genießen Sie das Vertrauen, das Ihr Welpe Ihnen entgegenbringt, wenn er schließlich so angekuschelt einschläft. Wenn Sie nicht möchten, dass Ihr Hund mit Ihnen auf dem Sofa liegt, legen Sie sich für eine Weile zu ihm auf den Teppich, damit er trotzdem den engen Kontakt zu Ihnen spürt.

Dieses Kontaktliegen sollte schon vom ersten Tag an erfolgen, weil es erheblich zur Entstehung einer intensiven Bindung beiträgt und das Vertrauensverhältnis zwischen

Welpen schlafen gern eng aneinandergekuschelt. (Foto: Widmann)

Das Kontaktliegen ist wichtig für eine enge und vertrauensvolle Bindung. (Foto: Lehari)

Mensch und Hund festigt. Beim Kontaktliegen können Sie Ihren Welpen auch gleich daran gewöhnen, dass er sich auf den Rücken drehen und an allen Körperteilen anfassen lässt, indem Sie ihn überall sanft streicheln. Dies kann beispielsweise für eine spätere Untersuchung beim Tierarzt recht hilfreich sein. Ein Hund, der absolutes Vertrauen zu seinem Menschen hat, wird auch etwas unangenehmere Prozeduren eher über sich ergehen lassen als ein misstrauischer Hund, der vielleicht sogar schon schlechte Erfahrungen gemacht hat.

Beißhemmung

Früher nahm man an, die Beißhemmung sei angeboren. Heute weiß man, dass auch sie erlernt werden muss, am besten noch bevor der Zahnwechsel des Welpen abgeschlossen ist. Mit dem Üben beginnen Sie bereits in den ersten Minuten, die Sie gemeinsam mit Ihrem Hund verbringen. Lassen Sie jedes Mal, wenn er zu fest zubeißt, ein kreischendes „Aua" oder deutliches „Nein" verlauten und wenden Sie sich gleichzeitig abrupt ab. Schon bald weiß der Welpe, dass es gar nicht lustig ist, wenn er Sie mit seinen spitzen Zähnchen beißt.

Auch Hunde untereinander verhalten sich so. Sie fiepen laut und lassen einen ruppigen Spielpartner sogleich links liegen, wenn er zu unsanft mit ihnen umgeht. Da ein Abbruch des Spiels aber nicht im Sinne des Grobians liegt, wird er seine Zähne in Zukunft vorsichtiger gebrauchen. Lässt der übermütige Vierbeiner auf Ihr „Wehgeschrei" nicht sofort los, greifen Sie kurz und energisch mit der Hand über seinen Fang. Für längere Zeit zuhalten sollten Sie sein Mäulchen dabei aber nicht! Dieser sogenannte Überschnauzgriff oder Dominanzgriff ist dem innerartlichen Verhalten der Hundeartigen abgeschaut: Hundeeltern benutzen ihn zur Zurechtweisung ihres allzu dreisten Nachwuchses.

Der Dominanzgriff lässt sich auch anwenden, wenn der kleine Racker etwas im Maul hat und es nicht hergeben möchte oder sich sogar regelrecht darin verbissen hat. Denn er muss auch lernen, Gegenstände oder sogar Essbares auf Verlangen wieder abzugeben. Hierzu fasst man mit Daumen sowie Zeige- und Mittelfinger über den Fang und übt mehr oder weniger (je nach Widerstand) seitlichen Druck auf den Oberkiefer des Welpen aus. Er wird dann den Fang öffnen. Bei dieser Übung müssen immer Sie gewinnen, sonst hat bereits der kleine Welpe Ihre Dominanz infrage gestellt.

Die Beißhemmung muss geübt werden, bis der Kleine gelernt hat, im Spiel sanft mit seinem Partner umzugehen. (Foto: Widmann)

Nach einer kurzen Unterbrechung wenden Sie sich Ihrem Welpen erneut zu und fordern ihn freundlich auf weiterzuspielen. Bleibt er angemessen zärtlich, loben Sie ihn gebührend. Durch diese Vorgehensweise lehren Sie ihn gleich mehrere wichtige Lektionen, nämlich dass man mit Beißen und Zwicken keine Aufmerksamkeit erhalten kann und dass allein Sie der Boss sind, der das Kommando zum Anfangen, Weitermachen oder Beenden einer gemeinsamen Unternehmung gibt.

Übrigens fördert das Füttern von Leckerli (nicht die Mahlzeiten) aus der Hand ebenso die Beißhemmung, da der Welpe den sanften Umgang mit der menschlichen Hand erlernt.

Bei allen Erziehungsübungen gilt:

Erwünschtes Verhalten wird mit Lob und/oder Leckerli verstärkt, unerwünschtes Verhalten wird ignoriert. Denn es ist wesentlich schlimmer für einen kleinen Welpen, nicht beachtet zu werden, als wenn er geschimpft oder gar körperlich gemaßregelt wird, wenn er etwas Verbotenes getan hat, denn in diesem Moment beschäftigen Sie sich mit ihm, was von dem Welpen als Zuwendung und somit positive Verstärkung interpretiert werden kann.

Richtig spielen

Wie schon bei der Beißhemmung beschrieben, ist es Sache des Rudelführers, ein Spiel zu beginnen und zu beenden. Dies trägt zur Festigung der Rangordnung bei, und der Kleine lernt schon im Spiel, wer der Chef ist und das Sagen hat. Sicherlich dürfen Sie mal auf ein Spiel eingehen, wenn Ihr Welpe mit seinem Lieblingsquietschi angerannt kommt. Aber achten Sie zwischendurch immer wieder darauf, dass Sie das Spiel beenden und das nächste Mal von sich aus beginnen. Wird der Welpe beim Spiel zu wüst oder dreht er richtig auf, beenden Sie die Toberunde und beachten ihn eine Weile nicht. Gibt er gar keine Ruhe, gehen Sie einfach weg. Er wird sich schnell beruhigen und vermutlich in seinem Korb erschöpft einschlafen. Später können Sie dann wieder ein neues Spiel beginnen.

Damit der junge Hund schon von vornherein lernt, womit er spielen darf, sollte er gleich zu Beginn Spielzeuge erhalten, die allein ihm gehören. Grundsätzlich ist alles geeignet, was der Hund nicht verschlucken oder zerbeißen kann oder ihm in irgendeiner Weise gefährlich ist. Am besten kauft man spezielles Hundespielzeug, dessen Material auf die Bedürfnisse und die starke Beanspruchung durch Hundezähne abgestimmt ist. Besonders beliebt sind sogenannte Quietschetiere. Hat der Hund erst einmal gelernt, durch dosierten Druck seinem Spielzeug einen quietschenden Ton zu entlocken, wird er es bald begeistert mit rhythmischen Kie-

Mit einem Welpendummy kann man schon das richtige Apportieren spielerisch üben. (Foto: Widmann)

ferbewegungen und ebenso rhythmischen Tönen durchs ganze Haus tragen. So mancher Hundebesitzer ist dann froh, wenn das Spielzeug doch nicht dieser Beanspruchung gewachsen ist und früher oder später „entquietscht" ist, weil es ein Loch bekommen hat.

Hunde mit einem ausgeprägten Beutetrieb sollten allerdings nur mit „stummen" Gegenständen spielen, da es sein kann, dass die Beißhemmung, ausgelöst durch das Schreien oder Jaulen des „Opfers", sich nicht richtig ausprägen kann, weil das Spielzeug trotz Quietschen keinen Schaden nimmt. Sollte der Hund also zu heftig damit spielen, nehmen Sie ihm das Spielzeug weg und bieten ihm ein anderes an. Für Hunde, die zur Apportierarbeit ausgebildet werden und ihre „Weichmäuligkeit" behalten sollen, ist diese Art Spielzeug auch nicht zu empfehlen, da sie sich dadurch angewöhnen, ihr Apportel zu „knautschen", das heißt zu fest zuzubeißen.

Beliebt sind auch Bälle oder Kongs, an denen eine Schnur befestigt ist, oder Knoten aus stabilem Seil, die es in verschiedenen Größen gibt. Wichtig ist hier eine gute Qualität, damit sich keine Fasern lösen, die vom Welpen verschluckt werden können. All diese Spielzeuge können geworfen oder zum Zerren benutzt werden.

Bei Zerrspielen sollte man auf zwei Dinge achten: Besonders im Zahnwechsel darf nicht zu sehr gezerrt werden, damit keine Zähne gewaltsam ausgerissen werden. Und mit Welpen, die schon früh dominantes oder gar aggressives Verhalten zeigen, sollte man keine Zerrspiele veranstalten, weil sie dadurch zu sehr aufgeputscht werden. Mit schüchternen, noch unsicheren Welpen können Sie dagegen ruhig einmal zerren und den Welpen immer wieder zwischendurch gewinnen lassen, denn das stärkt sein Selbstbewusstsein.

Rangordnung

Normalerweise akzeptieren Welpen problemlos, dass sie in der Rangordnung ganz unten stehen und sich unseren Anweisungen zu beugen haben. Es gibt aber auch Hunde, die schon im Welpenalter ein äußerst dominantes Verhalten an den Tag legen, indem sie sich zum Beispiel mit dem Erlernen der Beißhemmung schwertun oder ständig versuchen, auf Ihrem Bein aufzureiten. Eine wirksame Maßnahme ist dann das Auf-den-Rücken-Drehen. Hierzu packt man den Welpen im Nackenfell, drückt ihn mit strengen Worten auf den Rücken und hält ihn so lange (!) fest, bis er als Unterwerfungsgeste die Rute zum Bauch hin einklemmt. Je länger es dauert, bis sich ein Welpe unterwirft, umso dominanter ist er. Diese schon beim Welpen gezeigte Dominanz darf nicht unterschätzt werden, denn irgendwann ist der Hund erwachsen und versucht Sie dann zu tyrannisieren. Das spielerische Auf-den-Rücken-Drehen sollte man bei jedem Welpen hin und wieder üben, um die Rangordnung zu bestätigen.

Regeln für den Umgang mit einem dominanten Welpen:

- Nicht auf Spielaufforderungen des Welpen eingehen, sondern selbst bestimmen, wann und wie lange gespielt wird.
- Grundsätzlich als Erster durch Engstellen (zum Beispiel Türen) gehen.
- Den Welpen auf sein Fressen warten lassen, bis er die Erlaubnis bekommt.
- Nie etwas verlangen, was man nicht durchsetzen kann.
- Den Welpen nicht ins Bett lassen.
- Keinerlei Zerrspiele spielen – sie fördern einen eventuellen Kampftrieb.
- Immer zeigen, dass Sie der Boss sind.

Wenn Ihr Welpe keinerlei Anzeichen eines Dominanzverhaltens zeigt und sich problemlos in seine Stellung im Rudel einordnet, können Sie einige dieser Punkte etwas lockerer handhaben.

Auch wenn der Welpe noch so herzerweichend guckt, muss er von der ersten Minute an erzogen werden. (Foto: Pinnekamp)

Welpenerziehung – Die ersten Lektionen

Auch wenn Ihr Hund ein reiner Familien- und Begleithund ist, sollte er einen gewissen Grundgehorsam zeigen und die wichtigsten Lektionen beherrschen. Nur so ist gewährleistet, dass er zuverlässig auf Ihre Kommandos reagiert, sich gegenüber anderen Menschen und Tieren anständig benimmt und somit auch möglichst überallhin mitgenommen werden kann. Außerdem kann ein Hund umso mehr Freiheiten genießen, je besser er gehorcht.

Hunde lernen am besten durch positive Bestärkung. Das beruht auf der Tatsache, dass Verhaltensweisen, die mit Annehmlichkeiten wie zum Beispiel einem Leckerli verbunden sind, häufiger gezeigt werden als Verhaltensweisen, die keine oder unangenehme Ereignisse wie den Entzug von Zuwendung nach sich ziehen. Durch Leckerli lassen sich Welpen nicht nur belohnen, sondern auch dazu veranlassen, bestimmte Dinge zu tun. Hierfür lockt man den Kleinen mit einem Leckerli, damit er Blickkontakt zu uns aufnimmt oder neben uns herläuft.

Mit der Grunderziehung kann man nicht früh genug anfangen, denn gerade in der Sozialisierungsphase ist der Welpe sehr aufnahmebereit und lernt spielerisch und fast mühelos schon die wichtigsten Lektionen.

Mit viel Lob und Leckerli als positive Bestärkung lernt der Welpe schnell, konzentriert sich besser und empfindet die Übung als angenehmes Erlebnis. (Foto: Lehari)

Verfallen Sie auf gar keinen Fall dem alten Glauben, ein Hund müsse zunächst mal seine Kindheit genießen und man solle mit der Erziehung und Ausbildung erst im Alter von sechs Monaten oder noch später beginnen. Früher wurde diese Meinung bei ganz vielen Ausbildern von Jagd- und Gebrauchshunden vertreten. Heute weiß man, dass jeder Hundeführer sozusagen vom ersten Tag an seinem Welpen spielerisch schon sehr viel beibringen kann. Und so schnell wie in den ersten Monaten wird er nie wieder lernen – das sollten Sie sich unbedingt zunutze machen.

Wenn Sie eine Welpengruppe besuchen, werden Sie dort auch schon erste Übungen durchführen. Diese und weitere können Sie täglich zu Hause mit Ihrem Welpen üben und vertiefen. Grundsätzlich gilt aber: Üben Sie nicht zu lange am Stück, denn Welpen können sich nur sehr kurze Zeit konzentrieren. Mit zunehmendem Alter lässt sich dann die Übungszeit von nur wenigen Minuten auf einen längeren Zeitraum ausdehnen. Bei jeder Übung muss sich der Welpe auf Sie konzentrieren. Erst wenn er zu Ihnen Blickkontakt aufnimmt, beginnen Sie mit dem Unterricht.

Vorbereitende Übungen, um die Aufmerksamkeit auf sich zu richten, können Sie schon vom ersten Tag an durchführen. Lassen Sie den Welpen vor sich sitzen und nehmen Sie die mit einigen Leckerli gefüllten Hände auf den Rücken. Nun warten Sie, bis der Kleine Sie zufällig von sich aus mit direktem Augenkontakt anschaut. Belohnen Sie ihn dann sofort mit Futter wechselweise aus der rechten und der linken Hand. Wichtig ist, dass er Sie aus eigenem Antrieb anschaut und nicht durch eine Geste oder ein Geräusch von Ihnen dazu veranlasst wird. Diese Übung wird mehrfach wiederholt, wobei die Dauer des Blickkontakts allmählich verlängert wird. Wenn das schon gut klappt und der Welpe auch unter Ablenkung Blickkontakt mit Ihnen aufnimmt, können Sie zusätzlich ein Signalwort einführen wie zum Beispiel „Schau", „Watch", „Look" oder „Guck".

Sobald Sie merken, dass die Konzentration Ihres Schülers nachlässt, schließen Sie den Unterricht mit einer Übung ab, die garantiert klappt. Dann loben Sie Ihren Welpen kräftig und lassen ihn anschließend frei toben oder spielen mit ihm. Ein Erfolgserlebnis zum Abschluss motiviert den Hund und sorgt dafür, dass er das nächste Mal wieder mit Freude bei der Sache ist. Wenn er alle Lektionen des Grundgehorsams beherrscht, müssen sie aber auch regelmäßig, am besten täglich, geübt werden, damit sie nicht wieder verlernt werden, sondern in Fleisch und Blut übergehen.

Wichtig ist bei allen Übungen, dass die Belohnung unmittelbar erfolgt, das heißt innerhalb von zwei Sekunden nach rich-ti-ger Ausführung. Nur so kann der Welpe die Belohnung mit dem Durchführen der Übung verbinden. Denn immer die zuletzt ausgeführte Handlung wird mit dem Lob oder dem Leckerli verbunden. Daher spielt für den Lernerfolg auch das richtige Timing des Menschen eine Rolle. Nicht erwünschtes Verhalten oder falsch ausgeführte Übungen werden ignoriert. So lernt der Welpe, dass es sich nur lohnt, wenn man konzentriert mitmacht und die Übungen richtig ausführt. Selbst eine Ermahnung oder ein Schimpfen, wenn der Kleine etwas falsch gemacht hat, kann von ihm als Zuwendung und somit als Belohnung angesehen werden, wodurch das Fehlverhalten verstärkt wird. Daher ist es am besten, alles zu ignorieren, was nicht erwünscht ist.

Herankommen

Ein Hund muss auf Rufen zuverlässig zu seinem Menschen kommen, wobei er natürlich auch auf seinen Namen zu reagieren hat, der am besten in Verbindung mit dem Wort „Komm" eingesetzt wird. Diese Übung kann mit dem Welpen schon vom ersten Tag an durchgeführt werden. Sobald er sich in Ihre Richtung bewegt, rufen Sie seinen Namen in Verbindung mit „Komm" und loben ihn kräftig. Bald wird er auf seinen Namen reagieren und auf Zuruf kommen. Loben Sie ihn dann jedes Mal ausgiebig. Das kann durch Streicheln, durch ein Spiel oder ein Leckerli erfolgen. Auf alle Fälle muss der Welpe mit dem Kommen immer etwas Angenehmes verbinden.

Auch die täglichen Fütterungen kann man sich für diese Übung zunutze machen. Lassen Sie den Welpen in einem anderen Raum warten, solange Sie das Futter zubereiten,

Wenn der Welpe mit dem Herankommen etwas Angenehmes verbindet, kommt er gern mit fliegenden Ohren angerannt. (Foto: Widmann)

oder bereiten Sie das Futter zu, wenn er ohnehin mit etwas anderem beschäftigt und abgelenkt ist. Stellen Sie dann die Futterschüssel an die übliche Stelle und rufen Sie den Welpen. Nach kurzer Zeit hat er diese Lektion gelernt und wird nach Ihrem Rufen sogleich angesaust kommen. Wenn Sie Ihren Hund mit anderen Hörzeichen, zum Beispiel mithilfe einer Retrieverpfeife, ausbilden wollen, können Sie bei den Komm-Übungen auch sofort damit beginnen. Der Komm-Pfiff (üblicherweise ein kurzer Doppelpfiff) erfolgt dann statt des gerufenen Wortes.

Mit der Zeit werden die Übungen aus immer größerem Abstand und auch draußen durchgeführt. Auch wenn es mal etwas länger dauert, muss der Welpe gelobt werden, wenn er auf den Befehl „Komm" reagiert.

Lassen Sie sich nicht dazu hinreißen, ihn auszuschimpfen, wenn er Ihrer Meinung nach nicht schnell genug zu Ihnen kommt oder wenn er weggelaufen war und erst nach einem längeren Zeitraum wieder auftaucht. Die letzte Handlung – in diesem Fall also das Kommen – muss belohnt werden. Eine Strafe für das davor Geschehene versteht der Hund nicht. Er verbindet sie mit der letzten Handlung (dem Herankommen) und würde bei einer Bestrafung immer weniger Lust verspüren, Ihrem Befehl zu gehorchen.

Ein Welpe lässt sich nur aus einem Spiel mit Artgenossen abrufen, wenn er schon eine sehr enge Bindung zu seinem Menschen hat und dieser für ihn interessant ist. (Foto: Steimer)

Wenn Sie sich draußen oder auf einem Spaziergang befinden und der Welpe durch ein Spiel mit Artgenossen oder etwas anderes sehr stark abgelenkt ist, rufen Sie ihn nicht, denn er wird mit großer Wahrscheinlichkeit nicht reagieren. Das ist bei Welpen ganz normal und hat nichts mit Ungehorsam zu tun. Sie sind so in das Spiel vertieft, dass es in dem Moment das Wichtigste auf der Welt ist. Mit zunehmendem Alter konzentrieren sich die Hunde dann immer mehr auf ihren Menschen und lassen sich auch aus solchen Situationen abrufen.

Wenn Ihr kleiner Racker also mit anderen Dingen beschäftigt ist und nicht auf Sie reagiert, gehen Sie wortlos zu ihm, leinen ihn an und nehmen ihn mit. Geht er brav mit und achtet auf Sie, wird er sofort gelobt. Auch beim Besuch der Welpengruppe sollten Sie sich so verhalten. Wenn Ihr Welpe noch zu klein ist, um sich aus dem gemeinsamen Spiel abrufen zu lassen, leinen Sie ihn wortlos an statt ihn immer wieder zu rufen. Denn sonst lernt er nur, dass er auf das mehrmalige Rufen gar nicht reagieren muss.

Geübt wird nur, wenn sich der Kleine auf Sie konzentriert. Dann sollte er auf einmaliges, höchstens zweimaliges Rufen reagieren und sofort zu Ihnen kommen. Wenn das nicht klappt, fangen Sie erst wieder im Haus an zu üben und machen sich für den Welpen interessant. Wichtig ist auch, dass Sie immer freudig, ja fast enthusiastisch rufen, weil sich diese Stimmung sofort auf den Welpen überträgt, auch wenn vielleicht manchmal Nachbarn oder Passanten befremdet schauen. Hauptsache, Ihr Hund freut sich darauf, zu Ihnen zu kommen.

In den ersten Wochen bleibt ein Welpe in der Regel immer dicht bei seinem Menschen und wird ihm sofort hinterherlaufen, sobald er sich fortbewegt. Mit zunehmendem Alter wird der Kleine nun aber immer selbstbewusster und unternimmt auch schon mal kleine Exkursionen auf eigene Faust. Sollte er dann noch nicht zuverlässig das Kommen gelernt haben oder auf einmal nicht mehr darauf reagieren, können Sie mit einer dünnen Schleppleine üben. Hierfür wird eine dünne, leichte Leine oder Schnur mit einer Länge von etwa zehn Metern am Halsband befestigt, die man über den Boden schleifen lässt. Sobald sich der Welpe zu weit entfernt, treten Sie auf die Leine, sodass er ruckartig stehen bleiben muss. Er wird zunächst verwundert darüber sein, wie weit doch Ihr „Arm" reicht. Rufen Sie ihn dann zu sich und belohnen ihn sofort, wenn er bei Ihnen angekommen ist. Dann lassen Sie ihn wieder laufen. Mit der Zeit wird er lernen, sich nicht weiter als bis zu dieser imaginären Grenze zu entfernen, sodass dann irgendwann die Schleppleine nicht mehr nötig ist.

Machen Sie auf keinen Fall den Fehler und rennen hinter Ihrem Welpen her, wenn er nicht kommen mag und sich Ihrem Einfluss zu entziehen versucht. Denn das sieht der Welpe als lustiges Spiel an, vor allem weil er bald herausgefunden hat, dass Sie keine Chance haben, ihn zu fangen. Drehen Sie sich daher um und laufen Sie in entgegengesetzter Richtung davon. Ihr Welpe wird dann verblüfft stehen bleiben und Ihnen schließlich folgen, da er den Kontakt zu seinem Rudel nicht verlieren möchte. Ist er dann bei Ihnen angekommen, freuen Sie sich überschwänglich und belohnen ihn mit einem Spiel oder einem Leckerli.

Eine gute Übung für das Herbeikommen, die man auch später immer wieder in den täglichen Spaziergang einbauen kann, ist das Versteckspiel. Beim Spazierengehen sollte sich der Welpe und später auch der erwachsene Hund nach Ihnen richten und immer darauf achten, was Sie tun und welche Richtung Sie einschlagen. Wenn sich der Welpe zu weit entfernt oder überhaupt nicht mehr auf Sie achtet, verstecken Sie sich plötzlich hinter einem Baum oder einem Zaun (diese Übung sollte nur abseits von befahrenen Straßen durchgeführt werden). Irgendwann wird sich der Welpe umdrehen und nach Ihnen schauen. Wenn Sie nun verschwunden sind, wird er schnurstracks den Weg zurücklaufen und Sie suchen, wobei er dann auch schon gezwungen ist, seine Nase einzusetzen. Hat er Schwierigkeiten, Sie zu finden, rufen Sie ihn leise, wenn er in der Nähe ist. Sie werden sehen, die Freude ist riesengroß, wenn er Sie findet, und er wird erst einmal mehr auf Sie achten. Führen Sie diese Übung aber nicht zu oft durch, damit die Wirkung nicht verloren geht. Bei noch sehr ängstlichen oder unsicheren Welpen ist das Versteckspielen nicht erforderlich und auch nicht angebracht.

Gewöhnen an Halsband und Leine

Legen Sie schon vom ersten Tag an dem Welpen das Halsband oder Geschirr im Haus an, und zwar immer dann, wenn er durch Fressen oder Spielen abgelenkt ist. So wird er sich schnell an das ungewohnte Ding gewöhnen. Immer wenn er versucht, daran zu kratzen, lenken Sie ihn ab. Hat sich der Welpe an das Halsband gewöhnt, befestigen Sie – zunächst auch noch im Haus – eine dünne, leichte Leine daran, die er hinter sich herziehen kann. Nehmen Sie dann das Leinenende in die Hand und gehen Sie hinter dem Welpen her, aber so, dass kein Zug auf die Leine kommt. Der Welpe soll die Leine nicht als Zwang empfinden. Locken Sie ihn mit freundlichen Worten und einem Leckerli, zu Ihnen zu kommen, ohne dass Sie an der Leine ziehen, und belohnen Sie ihn dann entsprechend. Schon bald können Sie auch mit der Leine nach draußen gehen, wobei anfangs auch hier ein Zug vermieden werden soll.

Ein Geschirr wurde früher nur eingesetzt bei Hunden, die etwas ziehen mussten. Mittlerweile sind viele Hundehalter dazu übergegangen, ein Geschirr statt eines Halsbands zu verwenden. Ob das besser ist oder nicht – darüber gehen, wie bei vielen anderen Themen auch, die Meinungen auseinander.

Grundsätzlich reicht für einen Hund ein normales Halsband, egal aus welchem Material, vollkommen aus. Zieht er aber fürchterlich an der Leine, schnürt sich dadurch die Kehle ab und reagiert zwangsläufig mit Keuchen und Husten, wobei es im schlimmsten Fall sogar zu Wirbelsäulenproblemen kommen kann, ist die Verwendung eines Geschirrs sicher sinnvoll.

Dann gibt es auch bestimme Hunderassen, die aufgrund ihres Körperbaus schnell aus einem Halsband herausschlüpfen können oder sogar gezielt versuchen, sich aus dem Halsband herauszuwinden. Das kann auch bei einem Welpen passieren. In diesen Fällen ist der Einsatz eines Geschirrs ebenso ratsam. Sollten Sie sich für ein Geschirr entscheiden, achten Sie unbedingt darauf, dass es richtig sitzt und keine Druckstellen oder Abscheuerungen auf Fell und Haut hinterlässt, denn durch falschen Sitz können noch ganz andere gesundheitliche Probleme auftreten oder der Hund fühlt sich unwohl.

Ist Ihr Vierbeiner dann irgendwann erwachsen geworden und geht brav an der Leine, können Sie jederzeit wieder auf ein normales Halsband umsteigen oder ihn mit einer Moxonleine, einer Kombination aus Halsband und Leine, die vor allem bei Retrieverrassen eingesetzt wird, führen.

Die Gewöhnung an Halsband oder Geschirr erfolgt in der Regel recht schnell. (Foto: Lehari)

Leinenführigkeit und Bei-Fuß-Gehen

Ein Hund sollte möglichst sowohl an der Leine als auch ohne Leine brav bei Fuß gehen. Das korrekte Bei-Fuß-Gehen erfolgt auf der linken Seite (im Gegensatz dazu sollte ein Hund neben dem Fahrrad auf der rechten Seite, dem Verkehr abgewandt, laufen). Sobald ein Welpe an Leine und Halsband gewöhnt ist, kann man schon – jeweils nur für kurze Zeit – mit der Übung beginnen, zuerst in Haus und Garten und später auch draußen. Gestatten Sie es nicht, dass der Welpe mit der Leine herumspielt oder gar hineinbeißt und daran herumzerrt. Hierfür kann er andere Spielsachen verwenden. Sobald er zufällig brav ohne zu ziehen links von Ihnen geht, sagen Sie das Kommando „Fuß" und loben ihn kräftig. Jedes andere Verhalten ignorieren Sie.

Nach einigen Tagen wird der Welpe schon verstanden haben, worum es geht. Jetzt können Sie anfangen, sein Fehlverhalten zu korrigieren. Wenn er nicht mitkommen will, ziehen Sie ihn nicht hinterher, sondern locken Sie ihn. Zerrt er nach vorn, bleiben Sie stehen, ohne etwas zu sagen, bis er zu Ihnen zurückkommt. Geben Sie das Kommando „Fuß" und loben Sie ihn, wenn er brav neben Ihnen geht. Prescht er wieder vor, wiederholen Sie das Spiel. Bald wird es dem Wildfang zu langweilig, immer stehen zu bleiben, und er wird lieber brav an Ihrer Seite gehen.

Bis sich hier nun ein dauerhafter Lernerfolg einstellt, kann es je nach Temperament des Hundes einige Zeit dauern. Daher ist die Geduld des Hundeführers gefordert, auch wenn der Spaziergang unzählige Male unterbrochen wird. Sehr hilfreich ist hierbei ein Leckerli, das Sie so halten, dass es der Welpe sehen kann. Er wird zu Ihnen hochschauen

Bei-Fuß-Gehen sollte immer nur für kurze Zeit geübt werden, da sich der Welpe nicht so lange konzentrieren kann. (Foto: Steimer)

und in Erwartung des Leckerlis brav neben Ihnen herlaufen. Belohnen Sie ihn dann nach kurzer Zeit mit dem Leckerli.

Schließen Sie die Trainingseinheit immer mit einem Erfolgserlebnis ab, also wenn der Welpe brav bei Fuß gegangen ist. Belohnen Sie ihn abschließend noch mal mit einem Leckerli, leinen ihn dann ab und spielen Sie mit ihm. So lernt er gleich, Freizeit von Arbeit zu unterscheiden.

Erfahrungsgemäß ist diese sanfte Methode mindestens so erfolgreich wie das häufig empfohlene plötzliche Rucken an der Leine. Dies wirkt zwar bei sensiblen Hunden, die ohnehin auch auf andere Methoden sehr schnell reagieren und es deshalb sowieso nicht benötigen. Agile, temperamentvolle Hunde dagegen bleiben von dem Rucken meist recht unbeeindruckt, da die kräftige Halsmuskulatur sie unempfindlich macht, und sie werden manchmal dadurch erst recht zum Ziehen animiert.

Hat der Welpe gelernt, brav an der Leine zu gehen, ist die Freifolge die nächste Übung. Da der Hund das Kommando „Fuß" schon kennt, wird er auch ohne Leine wissen, was Sie von ihm verlangen. Natürlich ist jetzt wieder besonders viel Lob erforderlich, und auch die Übung selbst sollte anfangs nur Sekunden und später höchstens ein bis zwei Minuten dauern, denn länger kann ein junger Hund nicht konzentriert bei Fuß gehen.

Entfernt sich der Hund von Ihnen, bleiben Sie stehen und rufen ihn mit seinem Namen und dem Befehl „Komm". Sobald er neben Ihnen ist, geben Sie den Befehl „Fuß" und loben ihn, wenn er sich richtig verhält. Aber loben Sie nicht zu kräftig, da er das sonst als Aufforderung zum Davonpreschen oder Spielen auffassen könnte. Das freie Bei-Fuß-Gehen erfordert viel Disziplin und Übung. Erst wenn es einwandfrei klappt, können Sie dazu übergehen, es auch unter Ablenkung zu üben, wenn zum Beispiel ein Fußgänger, ein Radfahrer oder – was am schwersten ist – ein anderer Hund vorbeigeht. Je nach Veranlagung und Rasse dauert es unterschiedlich lange, bis ein Hund unter Ablenkung frei bei Fuß geht. Von einem Welpen kann man das noch nicht verlangen.

„Sitz" und „Platz"

Jeder Welpe kann sitzen und sich hinlegen. Daher kann man schon von Anfang an mit ihm das „Sitz" und „Platz" auf Kommando spielerisch und mit einem Leckerli als Belohnung üben.

Das Sitzen auf Kommando wird von den meisten Welpen recht schnell erlernt. Setzen oder stellen Sie sich vor dem Welpen hin und halten Sie ihm ein Leckerli über den Kopf. Wenn er merkt, dass er es nicht so einfach erreichen kann, wird er sich bald hinsetzen. Geben Sie dann schnell das Kommando „Sitz", loben ihn und reichen ihm den verdienten Leckerbissen. Der Hund wird schnell begreifen, was es mit diesem Befehl auf sich hat. Sie können auch gleichzeitig den Zeigefinger der Hand, in dem sich das

Das „Sitz" kann man schon von Anfang an mit seinem Welpen üben. (Foto: Steimer)

Leckerli befindet, nach oben strecken und somit das übliche Sichtzeichen für „Sitz" mit dem Hörzeichen kombinieren. Schon bald wird sich der Welpe auch nur auf das Sichtzeichen hin in Erwartung seiner Belohnung hinsetzen.

Diese Übung lässt sich auch zwischendurch zu allen möglichen Gelegenheiten wiederholen: vor dem Füttern, vor dem Spielen oder vor dem Anleinen. Sie wird dem Welpen bald in Fleisch und Blut übergehen, sodass dann auch nicht jedes Mal mehr eine Belohnung in Form eines Leckerlis erforderlich ist.

Das Hinlegen auf Kommando ist dagegen schon erheblich schwieriger. Weil der Hund tief auf dem Boden noch weiter weg von unserem Gesicht ist und aus dieser Position weniger schnell aufspringen oder weglaufen kann als aus dem „Sitz", ist er nur schwer dazu zu bewegen. Gerade wenn diese Lektion neu eingeübt wird, kommt es oft vor, dass sich der Hund endlich hingelegt hat, aber beim ersten Loben sofort wie eine Sprungfeder wieder nach oben schnellt. Vor allem bei sehr temperamentvollen Welpen erfordert diese Übung viel Disziplin.

Lassen Sie den Hund vor sich stehen oder sitzen und führen Sie ein Leckerli in der geschlossenen Hand vor ihm auf den Boden. Er wird versuchen, es zu bekommen. Legt er sich irgendwann schließlich hin, geben Sie das Kommando „Platz" und belohnen ihn sofort mit dem Leckerli aus der Hand. Sobald der Welpe verstanden hat, dass der Befehl „Platz" Hinlegen bedeutet, geben Sie nur noch ein Handzeichen, indem Sie mit der flachen Hand auf den Boden deuten, ohne den Leckerbissen in der Hand zu

Das „Platz" auf Kommando erfordert schon etwas mehr Übung und Konzentration. (Foto: Steimer)

haben. Die Belohnung gibt es dann erst nach erfolgreicher Übung. Somit lernt der Hund auch hier, sowohl Hör- als auch Sichtzeichen zu befolgen.

„Nein"

Eines der wichtigsten Kommandos, die so früh wie möglich geübt werden sollen und mitunter lebenswichtig sein können, ist das Wort „Nein". Es bedeutet: „Egal, was du gerade tust oder beabsichtigst zu tun, lass es sein!" Das kann das Annagen von Teppichfransen oder Stuhlbeinen sein, das Buddeln im Garten, das Jagen von Katzen und anderen Tieren, das zu feste Zubeißen im Spiel und vieles, vieles mehr.

Man kann nicht früh genug damit anfangen, einem Welpen die Bedeutung des Wortes „Nein" beizubringen. Sobald er im neuen Heim eingezogen ist und beginnt, unerwünschte Handlungen auszuführen, wie zum Beispiel einen Schuh anzunagen, sagt man sofort streng „Nein" und hebt den kleinen Kerl hoch, um ihn an anderer Stelle wieder abzusetzen. Mit einem Spielzeug oder Kauknochen wird der Welpe dann abgelenkt. Beschäftigt er sich damit, wird er kräftig gelobt. Sobald er wieder etwas Verbotenes tut, wird er mit „Nein" zurechtgewiesen und erneut abgelenkt. Die Erfahrung lehrt, dass Hunde sehr schnell die Bedeutung des Wortes „Nein" begreifen, sodass bald nur noch der gesprochene Befehl notwendig ist, um sie dazu zu bringen, eine bestimmte Handlung zu unterlassen.

Wichtig ist vor allem, dass die Zurechtweisung bei verbotenen Handlungen unmittelbar mit der Tat einhergeht. Eine Bestrafung für etwas, das schon Minuten oder gar Stunden zurückliegt, ist völlig sinnlos. Der Hund kann diese Behandlung nicht mit der Tat in Verbindung bringen und wird absolut verständnislos reagieren beziehungsweise die Bestrafung mit der gerade zuletzt ausgeübten Handlung verknüpfen.

Das „Nein" ist vielseitig einsetzbar, und zwar immer dann, wenn der Welpe etwas Unerwünschtes tut. (Foto: Steimer)

Hat der Welpe schon die Bedeutung des Wortes „Nein" verstanden, lässt es sich am wirkungsvollsten einsetzen, wenn er gerade beabsichtigt, etwas Unerwünschtes zu tun, sein Mensch aber durch Beobachtung dieses Vorhaben erkennt und mit einem rechtzeitigen „Nein" die Handlungsabsicht des Hundes im Keim erstickt. Wer seinen Welpen ganz genau beobachtet, wird an dessen Körpersprache sofort die Spannung und seine Absicht bemerken. Ein rechtzeitiges „Nein" mit einem anschließenden anderen Befehl wie „Komm", „Fuß" oder „Sitz" (wenn er die Bedeutung schon gelernt hat), dessen Befolgen kräftig gelobt wird, kehrt die zuvor unerwünschte Handlungsabsicht in eine positive Erfahrung für den Hund um, wenn er folgsam ist. Somit wird ein sehr großer Lerneffekt erzielt.

Ebenso ist der Welpe sehr beeindruckt, wenn er Sie nicht sehen kann und er irgendwelchen Unfug anstellen möchte, Sie ihn aber aus einem Versteck heraus beobachtet haben und im richtigen Moment ein strenges „Nein" hören lassen. Er wird sofort verblüfft mit seiner Handlung aufhören und vermutlich zumindest für eine gewisse Zeit von Ihrer Allmacht und Allgegenwärtigkeit überzeugt sein.

Aber nicht immer schafft man es, rechtzeitig die Gedanken seines Hundes zu erraten und einzugreifen. Und sobald er sich von seinem Menschen entfernt hat, wird es auch immer schwieriger, ihn von seinem Vorhaben abzuhalten. In diesen Fällen hilft ein rasselnder Gegenstand, der dem Hund hinterhergeworfen wird. Das kann ein Schlüsselbund, eine Wurfkette oder Ähnliches sein. Verblüfft über den langen Arm seines Menschen, wenn das Wurfgeschoss rasselnd neben ihm zu Boden geht, wird der Welpe sofort zurückkehren, wofür er nun überschwänglich gelobt und mit einem Leckerli belohnt werden muss. Nach mehrfachem Einsatz reicht es später oft schon aus, nur mit dem Gegenstand zu rasseln, um den Kleinen von unerwünschten Verhaltensweisen abzubringen.

Auf diese Weise lässt sich zum Beispiel das Jagen von Fahrradfahrern, Joggern, Autos und so weiter, das Junghunde gern an den Tag legen, gut abgewöhnen. Ideal ist es, wenn man hierbei mit einer Hilfsperson arbeiten kann, die als Fahrradfahrer oder Jogger vorbeikommt, sodass das richtige Verhalten gezielt geübt werden kann. Geht der Hund trotz Ablenkung brav bei Fuß oder bleibt er sitzen, muss das Lob besonders groß ausfallen und es gibt gleich mehrere Leckerli.

Alleinbleiben

Da es immer wieder Situationen gibt, in denen der Hund seine Menschen nicht begleiten kann, muss er so früh wie möglich lernen, allein zu bleiben. Nimmt man einen Welpen zu sich ins Haus, sollte mit dem Training begonnen werden, sobald er sich an sein neues Heim gewöhnt hat.

Hat der Welpe gelernt, allein zu bleiben, wird er die meiste Wartezeit verschlafen. (Foto: Widmann)

Beginnen Sie damit am besten, wenn der Welpe gespielt, gefressen, sich draußen versäubert hat und nun müde ist. Bringen Sie ihn in seinen Korb oder seine Transportbox und legen Sie ein Spielzeug und einen Kauknochen dazu, damit er sich beschäftigen kann. Streicheln Sie ihn und verlassen Sie ganz ruhig den Raum. Ist der Hund nicht an eine Transportbox gewöhnt, die man verschließen kann, sollten Sie ihn nur in einem Raum allein lassen, in dem er nicht viel anstellen kann. Zum Beispiel ist der Flurbereich der Wohnung nur dafür geeignet, wenn nicht die Schuhe aller Familienmitglieder dort aufgereiht stehen, die ein hervorragendes Kauspielzeug abgeben. Auch Kleidungsstücke aller Art, Handtücher oder Papiertaschentücher, die in Reichweite des Welpen sind, werden gern zum Zeitvertreib genutzt.

Lassen Sie den Welpen anfangs nur ein paar Minuten allein. Wenn er ruhig gewesen ist, kehren Sie zurück und loben ihn. Wird er unruhig, jault oder fiept und hat sich auch nicht innerhalb kürzester Zeit beruhigt, lenken Sie ihn mit einem Geräusch ab, sodass er kurzzeitig ruhig wird. Gehen Sie dann zu ihm hin, setzen Sie ihn gegebenenfalls wieder in seinen Korb und streicheln ihn. Dann verlassen Sie sofort wieder den Raum und kehren, wenn er ruhig bleibt, nach kurzer Zeit zurück, um ihn zu loben. Es ist wichtig, dass der Welpe das Lob mit seinem ruhigen Verhalten in Verbindung bringt. Auf keinen Fall darf er für das falsche Verhalten bestraft werden. Normalerweise ist es recht einfach, einen Welpen an das Alleinsein zu gewöhnen. Sobald er verstanden hat, dass man ihn nicht im Stich lässt und immer wieder zurückkehrt, wird er keine Angst verspüren und entspannt und vertrauensvoll auf die Rückkehr seines Menschen warten. Hunde, die gelernt haben, allein zu bleiben, verschlafen ohnehin die meiste Wartezeit.

Die Zeiträume, in denen der Welpe allein bleiben soll, werden allmählich verlängert. Um zu kontrollieren, ob sich der Hund auch wirklich ruhig verhält, wenn er allein ist, kann man während seiner Abwesenheit ein Tonband laufen lassen, das alle Umgebungsgeräusche aufzeichnet, oder sich einige Zeit beim Nachbarn aufhalten, um in Hörweite zu bleiben. Sollte der Hund tatsächlich die ganze Zeit über unruhig sein, müssen Sie das Training wieder mit einer kürzeren Zeitspanne beginnen.

Hat Ihr Welpe nicht rechtzeitig lernen müssen, allein zu bleiben, erfordert es schon mehr Energie und Geduld, den Hund an das Alleinsein zu gewöhnen. Manche Hunde werden von so starker Angst befallen, wenn sie allein gelassen werden, dass sie in der Abwesenheit ihrer Menschen nichts fressen und bei dem Versuch, ihren Rudelmitgliedern zu folgen, Türen, Fenster und Wände oder andere Gegenstände zerkratzen oder zerbeißen.

Ein Fehler, der bei ängstlichen Hunden in solchen Fällen häufig gemacht wird, ist eine übertriebene Abschieds- und auch Begrüßungszeremonie. Ein Hund merkt sofort, dass Sie sich zum Weggehen fertig machen. Wenn Sie sich dann zudem auch noch ausgiebig von ihm verabschieden und ihm erzählen, dass er nun keine Angst zu haben braucht, wird der ohnehin bereits ängstliche Hund noch nervöser und aufgeregter. Beachten Sie ihn am besten die letzte Viertelstunde vor Ihrem Weggehen überhaupt nicht. Tun Sie so, als wäre es absolut normal fortzugehen und machen Sie daraus keine Zeremonie.

Versuchen Sie den Hund vor Ihrem Fortgehen mit einem Kauknochen abzulenken, damit er eine ganze Zeit beschäftigt ist. Sobald er an dem Knochen kaut, gehen Sie ohne Worte fort. Bleibt der Hund aufgrund solch einer Ablenkung eine Zeit lang ruhig, kann man, wie oben beschrieben, wiederkehren und ihn für sein Verhalten loben. Je häufiger man das Weggehen übt, desto schneller stellt sich ein Lernerfolg ein.

Anfangs sollte eine Autofahrt immer in Verbindung mit einem positiven Erlebnis für den Welpen erfolgen. (Foto: Esser)

Autofahren

Normalerweise fahren Welpen gern Auto, weil sie es genießen, immer dabei zu sein. Unternehmen Sie anfangs mit Ihrem Welpen nur kurze Autofahrten, die für ihn ein positives Erlebnis darstellen. Die erste Fahrt sollte also nicht unbedingt zum Tierarzt führen. Fahren Sie zu einer nahe gelegenen Wiese und lassen Sie Ihren kleinen Schützling etwas herumtoben, sich lösen und spielen Sie einige Zeit mit ihm. Oder fahren Sie zu einem Treffpunkt mit anderen Hundebesitzern, damit Ihr Welpe mit Artgenossen toben kann und somit das Autofahren mit einem tollen Erlebnis verknüpft. Dann fahren Sie wieder nach Hause.

Mag Ihr Welpe dennoch nicht gern Auto fahren, füttern Sie ihn zunächst im Auto ohne laufenden Motor. Nach ein paar Mal können Sie dann den Motor während des Fütterns im Auto laufen lassen und beruhigend auf den Kleinen einreden. Klappt dies problemlos, müssten die nächsten Autofahrten besser verlaufen. Bei Welpen, die nicht gern Auto fahren, sollte man verhindern, dass sie während der Fahrt hinausgucken können. Der Anblick der vorbeirauschenden Landschaft könnte Übelkeit hervorrufen. In diesem Fall sollte der Welpe keine Möglichkeit bekommen, aus den Fenstern zu schauen oder gar im Fahrgastraum (schon aus Sicherheitsgründen) herumzuklettern. Ein ungesicherter Hund kann nämlich im Falle einer Vollbremsung oder eines Unfalls sich selbst oder die menschlichen Mitfahrer übel oder gar tödlich verletzen oder einen Unfall überhaupt erst verursachen. Daher werden Hunde am besten mit einem speziellen Gurtgeschirr gesichert oder in einem durch ein Gitter abgetrennten Abteil beziehungsweise einer speziellen Box (Kennel) transportiert.

Verträgt der Welpe auch nach allen Bemühungen das Autofahren nicht, konsultieren Sie bitte einen Tierarzt. Manchmal liegen körperliche Probleme vor, die Unwohlsein verursachen. Hier können Medikamente, Bachblüten, homöopathische Mittel oder spezielle Massagemethoden Abhilfe schaffen.

Wenn Sie Ihren Hund regelmäßig im Auto mitnehmen, müssen Sie ihm auch von Anfang an eine weitere wichtige Grundlektion beibringen: Er darf erst aussteigen, wenn Sie es ihm gestatten. Denn ein unkontrolliertes Herausspringen aus dem Auto ist nicht nur unerzogen, sondern kann durchaus auch Gefahren mit sich bringen.

Bei dieser Übung können Sie folgendermaßen vorgehen: Lassen Sie Ihren Welpen beim Öffnen der Autotür erst einmal sitzen. Zu Anfang sollten Sie ihn dabei vorsichtshalber am Halsband oder mithilfe der Leine festhalten, bis er den Sinn dieser Übung verstanden hat. Verwenden Sie hierbei das Kommando „Bleib" oder „Warte", während Sie in der Umgebung umherschauen, ob alles in Ordnung ist. Dann nehmen Sie Ihren Kleinen auf den Arm und heben ihn heraus, wobei Sie schon das spätere Aussteigekommando damit verbinden können. Später, wenn er das Auto dann auf eigenen Füßen verlassen kann, kennt er schon die Kommandos und weiß, dass er erst einmal warten muss, bis das Aussteigekommando kommt.

Wenn Sie konsequent bei jeder Autofahrt diesen Ablauf einhalten, wird sich Ihr Welpe sehr schnell daran gewöhnen und brav im Auto warten, bis Sie ihn zum Verlassen auffordern. Wie bei allen Übungen wird auch hier das richtige Verhalten belohnt, und zwar mit einem Leckerbissen und nicht mit einem Spiel, da der Hund dabei ruhig bleiben soll.

Seine neue Menschenfamilie muss auch der Welpe erst kennenlernen. Klare Regeln sollten jedoch von Anfang an den Umgang mit dem kleinen Hund bestimmen. (Foto: Lehari)

Der Welpe in der Familie

Der Welpe und Kinder

Die Erfahrungen, die der kleine Welpe mit Kindern macht, prägen in sehr hohem Maße, wie er sich auch später als erwachsener Hund gegenüber Kindern verhalten wird. In vielen Rassebeschreibungen werden die entsprechenden Hunde als ausgesprochen kinderfreundlich bezeichnet. Das birgt meiner Meinung nach aber eine gewisse Gefahr, wenn sich hundeunerfahrene Eltern

Haben Kinder gelernt, richtig mit dem Welpen umzugehen, werden beide ein gutes Team. (Foto: Widmann)

auf diese Beschreibungen verlassen und meinen, ihr Welpe sei nun der ideale Spielgefährte für ihre Kinder, ohne dass sie etwas dazu beitragen müssten. Ob und inwiefern ein Welpe oder erwachsener Hund aber kinderlieb ist, hängt weniger von der Rassezugehörigkeit, sondern eher von dem Umfeld ab, in dem er aufgewachsen ist, von der Sozialisierung und den gemachten Erfahrungen. Sicherlich gibt es Hunderassen, die eine weit höhere Reizschwelle als andere haben und sich mehr von kleinen Kindern gefallen lassen. Aber ein Freibrief ist dies nicht.

Für ein harmonisches Miteinander von Kindern und Hunden gibt es zwei Voraussetzungen: Einerseits müssen Kinder so früh wie möglich den richtigen Umgang mit Hunden lernen. Andererseits sollten Hunde schon während der Prägephase im Welpenalter gute Erfahrungen mit Kindern machen und dahingehend erzogen werden, dass sie für Kinder – ob fremde oder im eigenen Familienrudel – keine Gefahr darstellen. In manchen Situationen ist es ratsam, den Welpen in einen Zimmerkennel zu setzen, wo er vor Kindern sicher ist und auch keinen Unfug anrichten kann. Übrigens heißt es, dass ein Welpe ein Kind ungefähr bis zur Pubertät nicht für voll nimmt, sondern es auch für einen Welpen hält und nicht als ranghöher akzeptiert. Kinder sollten von ihren Eltern schon möglichst früh erklärt bekommen, wie man sich richtig gegenüber einem Hund, ob Welpe oder ausgewachsen, verhält.

Hier einige der wichtigsten Regeln:

- Nicht von oben auf den Kopf fassen, lieber an Brust und Ohren kraulen.
- Nicht von hintern nähern und den Hund erschrecken.
- Hunde nicht beim Schlafen oder Fressen stören.
- Nicht laut schreien oder schreiend davonlaufen.
- Den Hund nicht anpusten.
- Den Hund in Ruhe lassen, wenn er sich abwendet oder knurrt.
- Keine Spielsachen herumliegen lassen, sie können zernagt oder verschluckt werden.
- Keine erzieherischen Kommandos geben, da das Kind sie nicht durchsetzen kann.

Die Erfahrung zeigt, dass Kinder sehr schnell lernen, mit Hunden richtig umzugehen, wenn sie von Erwachsenen entsprechend angeleitet werden. Und wenn der Welpe positive Erfahrungen im Umgang mit Kindern macht, wird er ein zuverlässiger Spielgefährte werden.

Sollte er im Spiel zu wüst toben oder zubeißen, muss er von einem Erwachsenen zurechtgewiesen werden, denn schnell fließen Tränen, da die spitzen Milchzähne ganz schön wehtun können (siehe hierzu im Kapitel „Alltag mit dem Welpen" den Abschnitt „Beißhemmung"). Ebenso darf er bei dem Kind nicht aufreiten oder ihm Nahrungsmittel stehlen. Hat der Welpe die Grundregeln verstanden, wird er sicherlich harmonisch zusammen mit den Kindern aufwachsen und ihnen auch später ein treuer Freund sein.

Trotz aller Vorsichtsmaßnahmen sollten Kleinkinder und Welpen nie unbeaufsichtigt zusammen allein gelassen werden, da beide recht wüst sein können und ihr Verhalten nicht völlig berechenbar ist, somit kann eine kritische Situation nie ausgeschlossen werden.

Der Welpe und andere Tiere

Ein Welpe ist gegenüber allem Neuen völlig unbedarft, und so geht er auch arglos auf alle anderen Tiere zu. Daher ist die Welpenphase die beste Zeit, den kleinen Vierbeiner an alle möglichen anderen Tierarten zu gewöhnen, wie es schon im Kapitel „Prägung und Sozialisierung" erwähnt wurde. Besuchen Sie mit dem Kleinen am besten regelmäßig einen Bauernhof oder gehen mit ihm in ländlichen Gegenden spazieren, damit er zum Beispiel Hühner und Enten, Kühe und Schweine, Schafe und Ziegen, Pferde und Esel kennenlernt. Denn wenn der Hund erst im Erwachsenenalter diese Tiere erstmals zu sehen bekommt, kann es sein, dass er auf große Tiere mit Angst und Flucht reagiert und kleinere Tiere wie Geflügel oder Kaninchen als Beute ansieht. Passionierte Hütehunde versuchen auch sehr häufig, Tiere auf Weiden und Koppeln zusammenzutreiben, was für alle Beteiligten gefährlich werden kann und wovon die Viehbesitzer nicht gerade begeistert sind. Ist der Hund aber von Anfang an an diese Tiere gewöhnt, erspart man sich später viel Ärger und Stress, als wenn man erst später damit anfangen muss, dem Hund diese Unsitten abzugewöhnen. Daher verhalten sich auch alle Hunde, die auf Bauern- oder Reiterhöfen groß werden, in der Regel freundlich bis gleichgültig gegenüber anderen Tieren.

Kommt ein Welpe in einen Haushalt, in dem schon andere Haustiere gepflegt werden, wie Meerschweinchen, Kaninchen, Katzen, Vögel und andere Kleintiere, muss er von Anfang an unter Aufsicht mit den Tieren zusammengebracht werden, damit er sich an sie gewöhnt und sie unbehelligt lässt. Im Käfig gehaltene Tiere werden zunächst in ihrem sicheren Heim gelassen, sodass der Welpe sie in Ruhe betrachten kann und sich an ihren Geruch und ihre Bewegungsweise gewöhnt. Normalerweise lernen Hunde recht schnell, wer zur Familie zählt und daher nicht als Beute angesehen werden darf. Aber solange der kleine Racker noch zu wüst tobt und die Gefahr besteht, dass er die anderen Tiere jagt und eventuell sogar mit seinen spitzen Zähnen packt, müssen die Tiere immer in ihrem schützenden Käfig sein, wenn der Hund anwesend ist. Auch später sollten frei laufende Heimtiere oder frei fliegende Vögel nicht ohne Aufsicht mit dem Hund in einem Raum sein.

Lebt schon eine Katze im Haushalt, wird sie vermutlich anfangs nicht sehr begeistert sein von der Anwesenheit dieses kleinen Unholds. Zwingen Sie die Katze auf keinen Fall dazu, mit dem Welpen in Kontakt zu treten. Bei den ersten Begegnungen wird die Katze vermutlich von einem sicheren erhöhten Ort den Neuzugang betrachten. Der Welpe sieht die Katze als willkommenen Spielgefährten an und wird wahrscheinlich gleich versuchen, auf sie loszustürmen. Je nachdem, ob die Katze schon an Hunde gewöhnt ist und wie gut ihr Nervenkostüm ist, kann es unterschiedlich lange dauern, bis sie von sich aus mit dem Welpen Kontakt aufnimmt oder nicht mehr vor ihm davonläuft.

Auch hier gilt, die beiden anfangs nie unbeaufsichtigt zusammenzulassen, denn eine Katze kann sich wirkungsvoll zur Wehr setzen, und Sie sollten möglichst vermeiden, dass der Welpe schlechte Erfahrungen mit dieser Tierart macht und sich dadurch vielleicht zum Katzenhasser entwickelt. Aber

Optimal ist es, wenn der Welpe von klein auf an andere Tiere gewöhnt wird. (Foto: Lehari)

viele Beispiele beweisen, dass sich Katze und Hund durchaus schnell aneinander gewöhnen und harmonisch unter einem Dach leben. Wichtig ist dabei, dass der Mensch sich anfangs viel Zeit für seine Schützlinge nimmt und auch der Katze genauso viel Zuneigung entgegenbringt wie vorher, damit sie sich nicht zurückgesetzt fühlt und dies mit der Anwesenheit des Welpen in Verbindung bringt. Auch hier kommt man mit einem leckeren Belohnungshappen für das erwünschte Verhalten schnell ans Ziel.

Sollte eine Katze in Ihrem Haushalt wohnen, achten Sie darauf, dass die Katzentoilette und das Katzenfutter so aufgestellt sind, dass der Welpe keinen Zugriff darauf hat, denn Katzenfutter mit dem hohen Proteinanteil ist für alle Hunde immer eine begehrte Zwischenmahlzeit. Auch der Katzenkot wird von vielen Hunden gern aufgenommen, was aus hygienischen Gründen im Haushalt vermieden werden sollte, auch wenn der Vierbeiner dadurch das Katzenklo auf seine Art sauber macht. Außerdem kann die Katzenstreu beim Hund zu ernsten Magenverstimmungen führen, wenn sie gefressen wird.

Der Welpe als Zweithund

Grundsätzlich kann man sagen, dass die Haltung von zwei oder mehr Hunden in einem Haushalt artgerechter ist als die Einzelhaltung. Allerdings haben sich unsere Hunde während ihrer sehr langen Zeit der Domestikation schon so sehr an ihre menschlichen Rudelmitglieder angepasst, dass sie nicht darunter leiden, wenn nicht ständig ein Artgenosse in ihrer Nähe ist. Wer es sich aber räumlich, zeitlich und finanziell leisten kann und gern ein lebhaftes Treiben um sich hat – denn die Haltung von mehreren Hunden ist erheblich anstrengender als von einem –, zieht häufig in Erwägung, sich einen Zweithund zuzulegen.

Auch wenn ein Hund noch so sehr an seinen Menschen hängt und seinen festen Platz im Familienrudel hat, genießt er meistens doch den Kontakt mit Artgenossen. Das wird schon dadurch deutlich, welch großes Interesse beim Spazierengehen an anderen Hunden besteht, die man unterwegs trifft. Mit einem Artgenossen kann man so richtig auf Hundeart herumtollen, da er längst nicht so empfindlich ist wie ein Mensch, der noch nicht einmal ein Fell besitzt, das ihn beim etwas unsanfteren Spielen schützt. Auch wenn ein Hund, sei es im Haus oder im Garten, länger auf sich allein gestellt ist, hat er durch einen Artgenossen Abwechslung. Er kann mit ihm toben, Löcher buddeln, sich um ein Spielzeug oder einen Knochen streiten oder zusammen mit ihm in der Sonne dösen.

Manche haben Bedenken, dass sich Hunde, die nicht einzeln gehalten werden, weniger eng an den Menschen anschließen. Das trifft nicht zu, solange der Mensch als Rudelführer angesehen ist und sich ausreichend mit den Hunden beschäftigt. Auch wenn

Früher oder später lässt sich der ältere Hund zum Spiel mit dem Welpen animieren und wird ihn von da an als seinen Schützling betrachten, auch wenn der Kleine mal etwas grob wird. (Foto: Lehari)

mehrere Hunde gehalten werden, begnügen sie sich nicht damit, sich nur miteinander zu beschäftigen. Sie fordern von ihrem Menschen genauso wie Einzelhunde Zuwendung und Aufmerksamkeit. Sie sollten sich also nicht einen Zweithund anschaffen in der Annahme, sich dann weniger um die Tiere kümmern zu müssen.

Ideal ist es, wenn man einem älteren, erfahrenen Hund einen Welpen zugesellt. Der Kleine wird völlig begeistert seinen großen Freund anhimmeln, ihm in allen Dingen nacheifern und dadurch auch einfacher zu erziehen sein, weil er sich vieles von dem älteren Vorbild abschaut. Aber Vorsicht, er wird auch unerwünschte Verhaltensweisen übernehmen. Daher achten Sie bitte unbedingt darauf, dass der ältere Hund mit gutem Beispiel vorangeht.

Machen Sie sich keine Sorgen, wenn der Althund anfangs nichts von dem Welpen wissen will und ihn ignoriert. Dieser Zustand hält erfahrungsgemäß nur einige Tage oder höchstens wenige Wochen an, denn der Welpe wird nicht lockerlassen, um die Aufmerksamkeit des älteren Hundes zu erlangen und ihn zum Spielen zu animieren. Und schließlich ist das Eis gebrochen, was Sie daran erkennen, dass beide intensiv miteinander spielen und toben. Der Welpe ist dann als neues Rudelmitglied akzeptiert und beide sind von da an unzertrennlich.

Nicht zu empfehlen ist die gleichzeitige Anschaffung von zwei Welpen. Es ist schon anstrengend genug, einen kleinen Racker unter Kontrolle zu bekommen und ihn zu erziehen. Bei zwei Welpen ist die Gefahr relativ groß, dass die beiden sich Ihrem Einfluss entziehen und, anstatt sich auf anstehende Lektionen zu konzentrieren, lieber miteinander herumtoben. Auch fühlen sie sich gemeinsam stärker und stellen auch größeren Unfug an. Schwierig wird es dann beim Besuch einer Welpengruppe, wobei die Welpen auch lernen sollen, sich auf ihren Menschen zu konzentrieren. Zwei Welpen parallel großzuziehen ist noch am ehesten möglich, wenn jeder eine andere Bezugsperson hat, die auch mal allein mit dem Welpen etwas unternimmt oder Erziehungsübungen durchführt, ohne dass der andere anwesend ist.

Zuletzt noch ein paar Gedanken zur Anschaffung eines Welpen als Ersatz für einen alten oder verstorbenen Hund. Viele Hundehalter, die einen Hund durch Krankheit oder altersbedingt verloren haben, möchten zunächst gar nicht die Anschaffung eines neuen Hundes in Erwägung ziehen. Sie brauchen eine gewisse Zeit der Trauer und der Verarbeitung, bis die Zeit für einen neuen vierbeinigen Hausgenossen reif ist. Andere machen sich aber schon Gedanken über den nächsten Hund, wenn der vorhandene ein gewisses Alter erreicht hat, und fragen sich, ob es sinnvoll ist, einem alten Hund einen quirligen Welpen zuzumuten. Erfahrungsgemäß wirkt ein Welpe wie ein Jungbrunnen auf einen alten Hund, vorausgesetzt, dass dieser noch keine erheblichen körperlichen Gebrechen hat. Auch wenn der ältere Hund schon die meiste Zeit des Tages mit Schlafen verbringt und nicht mehr so viel Interesse an den verschiedenen Aktivitäten hat, wird er durch den Neuzugang dazu animiert, wieder mehr am Alltag teilzunehmen. Auf einmal muss er sein Futter oder seinen Lieblingsplatz gegen diesen frechen Lümmel verteidigen. Außerdem geht Frauchen oder Herrchen jetzt viel häufiger mit diesem kleinen Kerl nach draußen – eine willkommene Gelegenheit, auch wieder öfter die Duftmarken im Revier zu kontrollieren. Und wenn dieser Winzling einen dann ständig ärgert oder zum Spiel auffordert, bleibt einem schließlich nichts anderes übrig, als mitzumachen und auch einige Erziehungsmaßnahmen zu ergreifen. Ein älterer Hund wird durch einen Welpen deutlich aktiver. Wenn er ebenso viel Zuneigung erfährt wie vorher, fühlt er sich auch nicht zurückgesetzt und wird den Welpen als seinen persönlichen Schützling betrachten.

Ist schließlich der Tag gekommen, wenn der alte Hund gehen muss, ist der kleine Welpe dann schon zu einem gestandenen Hund mit einem gefestigten Charakter herangewachsen und erleichtert uns mit seiner Anwesenheit ein wenig die Zeit der Trauer und des Verlustes.

Was wird diese drei Racker wohl erwarten? (Foto: Widmann)

Literaturverzeichnis

Lehari, Gabriele
400 Hunderassen von A–Z
Eugen Ulmer, 2009

Lehari, Gabriele
Hundeverhalten – Wie Hunde wirklich sind
Cadmos, 2007

Lehari, Gabriele
Hunde richtig verstehen
Cadmos, 2002

Lehari, Gabriele
Hundehaltung – gewusst wie
Oertel + Spörer, 1998

Rauth-Widmann, Brigitte
Hunde richtig impfen und entwurmen
Cadmos, 2002

Rauth-Widmann, Brigitte
Die Sinne des Hundes
Cadmos, 2005

Rauth-Widmann, Brigitte
Sitz, Platz, Fuß
Cadmos, 2002

Reichenbach, Uta, und Lehari, Gabriele
Der zuverlässige Begleithund
Oertel + Spörer, 2009

Stichwortregister

A

B

C

D

E

F

G

H

I/J

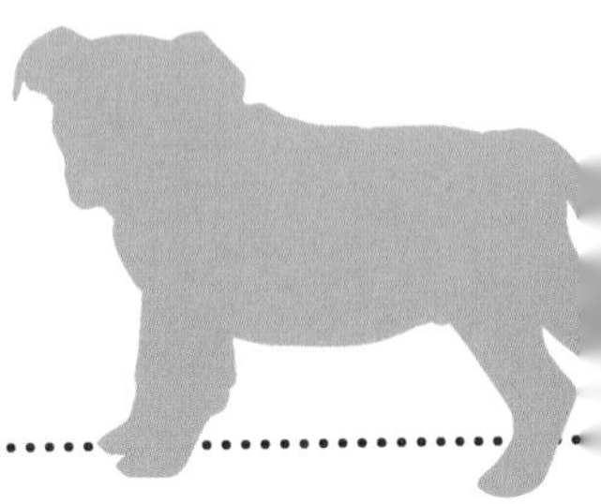

U

V

W

Z

CADMOS Hundebücher

Dr. Gabriele Lehari

Hundeverhalten

In diesem Ratgeber wird anschaulich erklärt, wie man die "Sprache" der Hunde richtig interpretiert und was bestimmte Verhaltensweisen bedeuten. Ergänzt wird dies durch zahlreiche Fotos der typischen Verhaltensweisen von Hunden unterschiedlichster Rassen und Größen.

128 Seiten, farbig, gebunden
ISBN 978-3-86127-799-6

Martina Nau

Pubertät und wilde Zeiten

Wenn aus Engeln plötzlich Bengel werden ist es soweit: Der Hund ist in der Pubertät. Dieses Buch begleitet Hundebesitzer durch diese schwierige Zeit und macht Mut, selbst bei extrem erscheinenden Problemen den Kopf nicht in den Sand zu stecken, sondern durchzuhalten und mit den richtigen Tricks und Methoden alles wieder ins Lot zu bringen.

128 Seiten, farbig, gebunden
ISBN 978-3-86127-811-5

Uli Köppel

Hunde verstehen mit dem Rudelkonzept

Verblüffende neue Wahrheiten über den Umgang mit Hunden und die Hundekommunikation von einem Schüler des Hundeverhaltensforschers Eberhard Trumler. In diesem Handbuch erfährt jeder Hundehalter was artgerechte Hundeerziehung ist und wie man mithilfe des Rudelkonzeptes eine tragfähige Mensch - Hund - Beziehung erreicht.

96 Seiten, farbig, gebunden
ISBN 978-3-86127-796-3

Martina Nau

Lexikon der Familienhunde

Der Geruchssinn ist der wichtigste Sinn des Hundes. Dieses Buch zeigt, wie Sie gemeinsam mit Ihrem Hund in seine Welt der Gerüche eintauchen können. Die vorgestellten Schnüffelaufgaben lasten seine Triebe aus, verbessern die Bindung, und vor allem bereiten sie Mensch und Hund viel Spaß.

128 Seiten, farbig, gebunden
ISBN 978-3-86127-814-6

Silke Meermann

Handbuch Hundekrankheiten

In diesem praktischen und fachlich kompetenten Ratgeber werden alle wichtigen Hundekrankheiten mit Symptomen, Diagnose und mög-licher Behandlung beschrieben. Zusätzlich erfährt der Leser Wissenswertes über sinnvolle Gesundheitsvorsorge und Reisekrankheiten bei Hunden.

192 Seiten, farbig, gebunde
ISBN 978-3-86127-795-8

Cadmos Verlag GmbH · Möllner Straße 47 · 21493 Schwarzenbek
Telefon 04151 87 90 7-0 · Fax 04151 87 90 7-12
Besuchen Sie uns im Internet: **www.cadmos.de**

CADMOS